TRAITÉ ÉLÉMENTAIRE

D'ARITHMÉTIQUE,

EN DOUZE LEÇONS,

Par B. Houdiard,

Ancien élève de l'école Polytechnique, professeur de Mathématiques,
à l'école du Génie d'Arras, (Pas-de-Calais.)

2me ÉDITION,

REVUE, CORRIGÉE ET AUGMENTÉE.

PRIX : 2 FR.

A ARRAS,

CHEZ JEAN DEGEORGE, IMPRIMEUR-ÉDITEUR,
rue du 29 Juillet.

A PARIS,

Chez { BACHELIER, Quai des Augustins, n°. 55.
{ CARILLAN-GŒURY, Quai des Augustins, n°. 41.

JUIN 1843.

TRAITÉ ÉLÉMENTAIRE

D'ARITHMÉTIQUE,

EN DOUZE LEÇONS,

Par B. Houdiard,

Ancien élève de l'école Polytechnique, professeur de Mathématiques,
à l'école du Génie d'Arras, (Pas-de-Calais.)

2me ÉDITION,

REVUE, CORRIGÉE ET AUGMENTÉE.

PRIX : 2 FR.

A ARRAS,

CHEZ JEAN DEGEORGE, IMPRIMEUR-ÉDITEUR,
rue du 29 Juillet.

A PARIS,

Chez { BACHELIER, Quai des Augustins, n°. 55.
{ CARILLAN-GŒURY, Quai des Augustins, n°. 41.

—

JUIN 1843.

ARRAS. — IMPRIMERIE DE JEAN DEGEORGE,

Rue du 29 Juillet.

Cet ouvrage renferme en douze leçons, l'Arithmétique complète enseignée dans les écoles régimen-
taires du Génie. En le faisant, j'ai eu constamment
pour but de réunir le plus simplement possible, en
employant toutefois des raisonnemens rigoureux,
tout ce qui est relatif à l'Arithmétique : cette nouvelle édition peut servir aux jeunes gens qui se pré-
parent pour l'école de St-Cyr et même à ceux qui se
destinent à l'école Polytechnique.

1re LEÇON.

Sommaire. — **Définitions**. — **Numération parlée**. — **Numération écrite**.

DÉFINITION DES MOTS.

1. Lorsqu'on étudie une science, ont est obligé d'employer plusieurs mots qui lui sont propres et qu'il est nécessaire de définir : aussi la première leçon commencera-t-elle par la définition de plusieurs d'entre eux ; celle des autres mots sera donnée dans le cours au fur et à mesure que nous aurons occasion de nous en servir.

GRANDEUR
ou
QUANTITÉ.

2. On donne le nom de *grandeur* ou de *quantité* à tout ce qui est susceptible *d'augmentation* ou de *diminution*. Par exemple : *le temps, un corps quelconque, les longueurs, les surfaces,* etc. sont des grandeurs. Il est manifeste qu'on ne peut se faire une idée exacte d'une grandeur qu'en la comparant à une autre grandeur de même espèce qu'elle ; et en effet on ne saurait dire, sans terme de comparaison, que la distance qui sépare une ville d'une autre est grande ou petite. Ainsi, il n'existe pas de grandeurs *absolues,* il n'y a que des grandeurs *relatives.* Cette quantité, qu'on est forcé d'employer pour servir de terme de comparaison à toutes les quantités de même espèce

UNITÉ.

qu'elle, se nomme *unité ;* sa grandeur est arbitraire : on voit par là qu'il y aura autant d'espèces d'unité que d'espèces de grandeur.

1.

NOMBRE.

Le résultat de la comparaison d'une quantité quelconque à son unité s'appelle *nombre ;* si l'on compare une quantité prise pour unité à une autre quantité de même espèce, et si l'on trouve qu'elle y est contenue plusieurs fois exactement, le résultat de la comparaison est dit *nombre entier.*

Si l'unité est contenue plusieurs fois avec un reste, le résultat de la comparaison est appelé *nombre fractionnaire ;* si l'unité n'y est pas contenue au moins une fois, le résultat se nomme *fraction.* On distingue les nombres, *en nombres abstraits* et en *nombres concrets ;* un nombre est dit *concret,* lorsqu'en l'énonçant on désigne l'espèce des unités qu'il représente, comme trente mètres, cent plumes, etc. : il est appelé *abstrait* quand il n'indique aucune espèce d'unité, comme quatre, cinq, vingt fois, etc.

BUT
DE L'ARITHMÉTIQUE.

3. *L'arithmétique est une science qui a pour but principal d'apprendre à effectuer sur les nombres les diverses opérations qui peuvent se présenter ; elle a encore un autre but, c'est de démontrer les propriétés des nombres entre eux.* Le premier but sera rempli dans toute son étendue ; quant au deuxième, nous en verrons seulement une partie.

Numération parlée.

4. Avant de chercher à apprendre les règles de l'arithmétique, il est nécessaire de connaître la formation des nombres et le nom qu'on leur a

donné ; tel est le but de *la numération parlée.*
Un nombre étant la réunion de plusieurs unités,
on formera donc tous les nombres en ajoutant
l'unité d'abord à elle-même, puis successivement
aux divers nombres qui en résultent.

De là on voit que la suite des nombres est illimité.

En ajoutant l'unité à elle-même, on forme un
nombre qu'on appelle *deux ;* l'unité ajoutée à
deux donne un nouveau nombre qui a été appelé
trois : en continuant à ajouter l'unité au dernier
nombre trouvé, on forme les nombres *quatre,
cinq, six, sept, huit* et *neuf.*

Si on ajoute une unité à neuf, on forme un nouveau nombre qu'on appelle *dix* ou *dizaine* et on
est convenu de compter par dizaine comme on a
compté par unité ; ainsi on dit : *une dizaine,
deux dizaines, trois dizaines, quatre dizaines,
cinq, six,* etc..... *neuf dizaines ;* cependant l'u-
sage a fait remplacer ces mots par les suivans :
dix, vingt, trente, quarante, etc.

Pour obtenir le nom des nombres compris
entre deux dizaines consécutives, on fait suivre
le nom de chaque dizaine des noms des neuf premiers nombres, et l'on obtient les noms suivans :

Entre dix et vingt, *dix-un, dix-deux, dix-trois,*
etc., *dix-sept, dix-huit, dix-neuf.*

Entre vingt et trente, *vingt-un, vingt-deux,* etc.
vingt-neuf ; et à partir de quatre-vingt-dix, *qua-
tre-vingt-dix-un* ou *quatre-vingt-onze, quatre-
vingt-douze,* etc... *quatre-vingt-dix-neuf.* On remarquera qu'au lieu des noms *dix-un, dix-deux,*

etc... l'usage a consacré les suivans, *onze, douze, treize, quatorze, quinze* et *seize.*

Si au nombre *quatre-vingt-dix-neuf* on ajoute une unité, on obtient un nouveau nombre qui est la collection de dix dizaines et qu'on appelle *cent* ou *centaine;* on est convenu de compter par cent comme on a compté par unité et par dizaine; ainsi on dit : *un cent, deux cents,* etc..... *neuf cents.*

Pour obtenir le nom des nombres compris entre deux centaines consécutives, on fait suivre le nom de chaque centaine des noms des quatre-vingt-dix-neuf premiers nombres et l'on obtient les noms suivans jusqu'à *neuf cent quatre-vingt-dix-neuf* : *cent, cent-un, cent-deux,..... cent-vingt,... cent-trente,... cent-cinquante,... deux-cents,... deux-cent-dix,...* etc., *deux-cent-quatre-vingt-dix-neuf.*

Trois-cents, trois-cent-dix... trois-cent-quatre-vingt-dix... quatre-cents, quatre-cent-dix, etc.

. . . .

Neuf-cents, neuf-cent-cinquante,.... neuf-cent-quatre-vingt-dix-neuf.

En ajoutant *un* au dernier nombre trouvé, on obtient un nouveau nombre qu'on appelle *mille;* on est convenu de compter par mille comme on a compté par unité. Ainsi on dit *un mille, deux mille,...* etc.... *neuf mille :* seulement la réunion de *dix mille* n'a pas reçu un nouveau nom et cela pour ne pas trop multiplier les mots générateurs; on est donc convenu de dire *dix-mille, onze-mille,* etc., *vingt-mille,.... trente-mille,*

etc... *cent-mille, deux-cent.. trois-cent...* etc...
neuf-cent-mille ; et pour nommer les nombres
compris entre deux mille consécutifs, on a fait
suivre le nom de chaque mille de celui des neuf-
cent-quatre-vingt-dix-neuf premiers nombres ;
en agissant ainsi, on obtient les noms suivans :
*mille·un, mille-deux.... mille-cent.... mille-neuf-
cents ; deux mille.... trois mille.... huit mille....
neuf-mille-neuf-cent-quatre-vingt-dix-neuf.*

Ce dernier nombre augmenté d'une unité donne
un nouveau nombre qu'on appelle *million*. C'est
la collection *de dix centaines de mille*, ou *mille-
mille* ; de même la collection de *mille-millions* a
été appelée *billion* ou *milliard*, etc. Pour connaître le nom des nombres compris entre *deux millions, deux billions, deux trillions*, etc. , consécutifs, il suffit de faire suivre le nom de ces nombres de ceux des nombres déjà connus.

Numération écrite.

5. On pourrait, dès à présent, apprendre à
opérer sur les nombres, mais leur écriture en
toutes lettres ferait éprouver beaucoup de peine,
aussi a-t-on cherché un moyen simple et abrégé
de les écrire ; on y est parvenu, en convenant de
représenter les neuf premiers nombres *un, deux,
trois, quatre, cinq, six, sept, huit, neuf,* par les
caractères abréviatifs suivans, appelés *chiffres :*

1, 2, 3, 4, 5, 6, 7, 8, 9.

et l'on a pu, au moyen de ces caractères et d'un
dixième que nous connaîtrons tout-à-l'heure,
représenter ou écrire tous les nombres, en adop-

+tant la convention qu'un chiffre placé à la gauche d'un autre vaut des unités dix fois plus fortes.

D'après cette convention, il est facile d'écrire un nombre en chiffres ; soit proposé d'écrire *quatre mille trois cent soixante-sept*, il renferme évidemment 7 unités simples, 6 unités du deuxième ordre ou dizaines, 3 unités du troisième ordre ou centaines, et enfin 4 unités du quatrième ordre ou mille, on peut donc l'écrire ainsi : 4367.

Cependant les nombres suivans dix, vingt..... mille, etc. , et en général, ceux qui manquent d'unités d'un certain ordre, ne peuvent pas encore être écrits ; il est nécessaire d'inventer un nouveau caractère qui n'ait aucune valeur par lui-même et qui serve seulement à tenir la place des unités qui manquent : ce nouveau caractère a été appelé *zéro*, on l'écrit ainsi : 0. D'après cela, les nombres suivans *dix, vingt, deux-cents, deux-mille*, etc., s'écrivent ainsi : 10, 20, 200, 2000, etc. ; maintenant il n'existe pas de nombre entier qu'on ne puisse écrire : soit proposé d'écrire en chiffres le nombre *deux millions trois-cent-huit-mille-quatre unités ;*

Ce nombre contient 4 unités simples ; pas de dizaines, pas de centaines, 8 mille, pas de dizaines de mille, 3 centaines de mille et 2 millions, on peut donc l'écrire ainsi : 2308004.

MANIÈRE D'ÉCRIRE UN NOMBRE DICTÉ.

Toutefois, pour écrire un nombre dicté, il n'est pas nécessaire de le décomposer ainsi ; en effet, si l'on réfléchit que le nom des unités ne change que de trois en trois ordres, c'est-à-dire, qu'il y a des *unités*, des *dizaines* et *centaines* d'unités ; des *mille*, des *dizaines de mille* et *centaines de mille*, des *millions*, etc. ; on pourra regarder un nombre comme composé d'une suite de tranches de trois chiffres chacune ; savoir, la tranche des *unités*, celle des *mille*, des *millions*, etc. ; la dernière tranche à gauche peut n'avoir *qu'un* ou *deux* chiffres : d'après cela, pour écrire un nombre, on commencera par écrire la tranche des unités les plus fortes et successivement les tranches suivantes comme si elles étaient seules ; ce qui fait que pour écrire un nombre aussi grand que l'on veut, il suffit de savoir écrire un nombre de 3 chiffres.

MANIÉRE D'ÉNONCER EN LANGUE ORDINAIRE UN NOMBRE ÉCRIT EN CHIFFRES.

Ce qui précède, permet d'énoncer facilement un nombre écrit en chiffres ; on le partage en tranches de trois chiffres chacune, à partir de la droite ; puis on énonce chaque tranche comme si elle était seule, en commençant par la première tranche à gauche qui peut n'avoir qu'un ou deux chiffres, soit proposé de lire le nombre

$$3\ 4\ 0\ 7\ 8\ 2\ 5\ 6,$$

on le décompose en tranches de trois chiffres à partir de la droite, on obtient 34,078,256 et l'on voit évidemment qu'il renferme 34 millions 78 mille et 256 unités : on peut donc l'énoncer ainsi, trente-quatre millions soixante-dix-huit mille deux cent cinquante-six unités.

Le système de numération qui vient d'être exposé, a été appelé *système décimal*, parce que pour représenter tous les nombres, on se sert de dix caractères, le nombre *dix* s'appelle la *base* du système de numération.

2me LEÇON.

Sommaire. **Addition. — Soustraction et leurs preuves. — Problèmes y relatifs.**

La formation et le nom des nombres étant connus, nous devons, conformément au but de l'arithmétique, commencer à apprendre les diverses opérations qu'on peut avoir à effectuer sur les nombres. Les opérations fondamentales sont au nombre de quatre : *l'addition, la soustraction, la multiplication et la division.*

De l'Addition.

6. *L'addition apprend à réunir en un seul nombre toutes les unités de différents ordres qui entrent dans plusieurs nombres considérés séparément ;* on appelle *somme* ou *total* le résultat de cette opération.

RÈGLE POUR FAIRE L'ADDITION.

Cette règle est tellement simple, qu'elle n'exige, pour être effectuée, aucun secours du raisonnement ; il suffit seulement *de savoir ajouter de tête à un nombre quelconque un nombre d'un seul chiffre ;* par exemple, dire de suite, sans tâtonnement, que 18 et 7 font 25, que 36 et 8 font 44, etc.

Pour faciliter aux commençants le moyen d'ajouter sans tâtonnement, un nombre d'un seul chiffre à un autre composé de un, ou de plusieurs chiffres, j'ai cru convenable de placer ici une table propre à cet usage.

TABLE D'ADDITION et de SOUSTRACTION

0	1	2	3	4	5	6	7	8	9
1	2	3	4	5	6	7	8	9	10
2	3	4	5	6	7	8	9	10	11
3	4	5	6	7	8	9	10	11	12
4	5	6	7	8	9	10	11	12	13
5	6	7	8	9	10	11	12	13	14
6	7	8	9	10	11	12	13	14	15
7	8	9	10	11	12	13	14	15	16
8	9	10	11	12	13	14	15	16	17
9	10	11	12	13	14	15	16	17	18

Cette table est composée de dix bandes horizontales et verticales. On pourrait en mettre un plus grand nombre, mais dix sont suffisantes.

La première bande commence par 0, la 2me par 1, la 3me par 2, etc..... et la 10me par 9 : chaque bande se forme en ajoutant successivement l'unité au nombre qui commence cette bande.

L'usage de cette table est très-simple : *veut-on trouver la somme de 8 et 9?* On cherche le nombre 8 dans la première bande horizontale, ou verticale, horizontale par exemple, et 9 dans la première bande verticale : on suit avec le doigt chacune de ces bandes, jusqu'à leur rencontre, et le nombre 17 qui leur est commun est la somme demandée.

Soit encore proposé d'ajouter 136 *et* 7? On cherche dans la table l'addition de 6 et 7, on trouve 13 ; d'où l'on conclut 143 pour la somme demandée , car il est évident que le chiffre des dizaines du plus grand nombre doit être augmenté d'une unité.

La table précédente étant bien comprise, on est en état d'ajouter ensemble tant de nombres entiers que l'on veut ; soit, pour exemple, les nombres 987, 539 et 2898 :

On les dispose comme ci-dessous.

$$
\begin{array}{r}
987 \\
539 \\
2898 \\
\hline
4424
\end{array}
$$

dans une même colonne verticale de manière que les unités de même espèce se correspondent, on doit en sentir facilement le motif ; on souligne le tout et on commence l'opération par la droite (nous verrons tout-à-l'heure pourquoi) ; on dit 7 et 9 font 16 et 8 font 24 unités qui renferment 4 unités et 2 dizaines, on pose les 4 unités sous la colonne des unités et l'on retient les les 2 dixaines pour les réunir au nombre des dizaines, en disant : 2 de retenue et 8 font 10 et 3 font 13 et 9 font 22 dizaines qui renferment 2 dizaines et 2 centaines ; on pose les 2 dizaines sous la colonne des dizaines et l'on retient les 2 centaines pour les réunir aux centaines ; 2 de retenue et 9 font 11 et 5 font 16 et 8 font 24 centaines ; on écrit les 4 centaines au rang des centaines et l'on retient les 2 mille qui, ajoutés à 2, donnent 4 mille qu'on écrit au rang des mille.

Ce qui précède permet de déduire la règle générale à suivre pour ajouter le plus simplement possible plusieurs nombres entre eux ; aussi nous dispenserons-nous de la donner.

ON DOIT GÉNÉRA-LEMENT COMMENCER À ADDITIONNER PAR LA DROITE.

7. Nous avons dit qu'il fallait commencer l'addition par la droite ; cela n'est pas indispensable, mais c'est plus simple, car dans le cas où l'une seulement des colonnes donnerait une somme plus forte que 9, on serait obligé, si l'on avait commencé par la gauche, d'effacer le chiffre précédent pour l'augmenter des unités de retenue provenant de cette colonne. Il est bon d'observer toutefois que, si la première colonne de gauche était la seule qui dépassât 9, il serait indifférent de commencer par la droite ou par la gauche.

PREUVE DE L'ADDI-TION PAR L'ADDITION ELLE-MÊME

8. Pour s'assurer si une règle est juste, on fait une seconde opération différente de la première, qu'on appelle *preuve*. La preuve de l'addition peut se faire par l'addition, en commençant à ajouter les colonnes par le bas, si on les avait primitivement additionnés par le haut ; on peut aussi intervertir l'ordre des nombres et faire de nouveau l'addition qui devra concorder avec la première, si celle-ci est bien faite : mais la preuve de l'addition se fait ordinairement par la soustraction, comme nous le verrons plus loin.

Soustraction.

9. *La soustraction a pour but de retrancher toutes les unités des différents ordres qui compo-*

posent un nombre de celles d'un autre nombre plus grand que le premier ; le résultat s'appelle reste, excès ou différence.

Pour effectuer cette opération , on dispose ordinairement le plus petit nombre au- dessous du plus grand , de manière que les unités d^e même ordre se correspondent ; on souligne le tout ; puis on retranche les *unités, dizaines*, etc., du nombre inférieur, des *unités, dizaines,* etc., du supérieur , et l'on écrit le résultat au-dessous de la barre.

Quand on fait une soustraction, il peut se présenter deux cas ; ou *le chiffre inférieur est plus petit que son correspondant supérieur ,* ou *il est plus grand.*

CAS OU LE CHIFFRE INFÉRIEUR EST PLUS PETIT QUE SON CORRESPONDANT SUPÉRIEUR.

1er Cas. Lorsque le nombre inférieur a tous ses chiffres plus petits que les correspondants du supérieur , la soustraction est facile ; comme on peut le voir , en se proposant l'exemple suivant :

$$5897$$
$$3684$$
$$\overline{2213}$$

On dit 4 unités ôtées de 7 unités ou simplement 4 de 7 reste 3 qu'on pose sous les unités ; de même 8 dizaines de 9 dizaines reste 1 dizaine qu'on écrit sous les dizaines et ainsi de suite.

Avant de passer au deuxième cas, il est nécessaire de savoir retrancher de suite et par le seul secours de la mémoire, *un nombre d'un seul chiffre d'un autre moindre que* 19 ; par exemple,

on doit dire sans tâtonnement 8 ôté de 17 reste
9 , 7 de 15 reste 8 ; puis au moyen de ce principe évident que , *si on augmente les deux nombres donnés d'un même nombre , le résultat de
leur soustraction ne change pas*, le deuxième cas
est aussi facile que le premier.

La table précédente permet de soustraire facilement un nombre d'un seul chiffre d'un autre
moindre que 19 : *veut-on ôter* 8 *de* 17 *?* On cherche la colonne verticale qui commence par 8 , et
l'on descend , en suivant cette colonne , jusqu'au
nombre 17 ; cela fait , on suit avec le doigt la bande
horizontale dont 17 fait partie et le nombre 9 qui
la commence est le reste demandé.

2me Cas. Chaque fois que le chiffre inférieur est
plus grand que son correspondant supérieur, on
augmente celui-ci de dix unités (de la même espèce , bien entendu) ; la soustraction est alors
rendue possible ; mais comme on a augmenté le
nombre supérieur de dix unités, il faut , pour ne
pas changer le reste , augmenter le nombre inférieur de dix unités du même ordre ou d'une unité
de l'ordre immédiatement plus élevé. Tout ceci
va s'éclaircir par un exemple. Soit proposé de
soustraire 2407839 de 6702007.

Type de l'opération $\left\{ \begin{array}{r} 6702007 \\ 2407839 \\ \hline 4294168 \end{array} \right.$

On dispose l'opération comme on l'a indiqué
précédemment et l'on dit : 9 de 7, cela ne se peut;

CAS OU LE CHIFFRE INFÉRIEUR EST PLUS FORT QUE SON CORRESPONDANT SUPÉRIEUR.

on augmente 7 de dix unités, ce qui fait 17 ; de 17 ôtant 9 il reste 8 qu'on écrit sous les unités ; conformément au principe ci-dessus, pour ne pas altérer le résultat demandé, il faut augmenter le nombre inférieur de dix unités ou d'une dizaine ; passant à la soustraction des dizaines, au lieu de dire 3 dizaines de dix dizaines, on dira 4 dizaines ôtées de 10 reste 6 qu'on pose sous les dizaines ; continuant de la même manière, on dira : 9 centaines de 10 reste une centaine ; 8 mille de 12 reste 4 mille ; une dizaine de mille de 10 reste 9 dizaines de mille ; 5 centaines de mille ôtées de 7, il reste 2 et 2 millions de 6 reste 4 millions qu'on pose sous les millions.

Remarque. Lorsque tous les chiffres du plus petit nombre sont moindres que les correspondants du plus grand, on peut commencer la soustraction indifféremment par la droite ou par la gauche ; si cette condition n'est pas remplie, il est facile de voir pourquoi il vaut mieux commencer par la droite.

RÉGLE GÉNÉRALE POUR SOUSTRAIRE UN NOMBRE D'UN AUTRE. La règle générale pour soustraire un nombre d'un autre, est facile à déduire de ce qui précède.

PREUVE DE L'ADDITION PAR LA SOUSTRACTION. 11. Nous pouvons maintenant donner la preuve de l'addition :

Les trois nombres ci-dessous

$$8549$$
$$2738$$
$$9495$$
$$\overline{20782}$$
$$\overline{1120}$$

ayant donné pour somme 20782 ; on propose de vérifier si elle est juste. On commence par la colonne de gauche et l'on dit, 8 et 2 font 10 et 9 font 19 mille ; la somme totale en contient 20, on retranche 19 de 20 et il reste 1 mille qu'on écrit sous les mille, après avoir tiré une barre au-dessous du total ; de sorte que 1782 peut être regardé comme la somme des trois autres colonnes sur lesquelles on continue à opérer de la même manière, en disant, 5 et 7 font 12 et 4 font 16 centaines qui, ôtées de 17, donnent 1 centaine pour reste qu'on écrit sous les centaines ; passant à la colonne des dizaines, on dit, 4 et 3 font 7 et 9 font 16, de 18 reste 2 dizaines ; additionnant les unités, on en trouve 22, lesquelles, retranchées de 22 unités qui restaient encore, donnent 0 pour reste. Ce zéro indique évidemment que l'addition était juste.

Problèmes relatifs à l'addition et à la soustraction.

Les questions, ou problèmes qui n'exigent pour être résolus que le secours de l'addition et de la soustraction sont toujours très faciles à résoudre, aussi me bornerai-je à en énoncer quelques-uns.

1er. *Un magasin de vivres contenait 48346 pains de munition ; on en a distribué à 6 régiments ; le 1er en a reçu 8459, le 2me 7825, le 3me 4236, le 4me 12546, le 5me 8947 et le 6me 3649 ; combien en reste-t-il dans le magasin ?* R. 2684.

2me. *Un banquier avait dans sa caisse* 12687 *fr. ; il a payé quatre billets à ordre, le* 1er *de* 3162 *fr., le* 2me *de* 4538, *le* 3me *de* 2439 *et le* 4me *de* 1028; *d'un autre côté il a encaissé trois sommes, la* 1re *de* 3228 *fr., la* 2me *de* 1102 *fr., et la* 3me *de* 548 *fr. Combien lui reste-t-il d'argent dans sa caisse?* R. 6398.

3me. *Un fonctionnaire public en récapitulant ses comptes d'une année a trouvé qu'il avait dépensé* 732 *fr. pour sa nourriture,* 520 *fr. pour son loyer,* 628 *fr. pour son entretien,* 235 *fr. pour gages de domestiques,* 426 *fr. pour ses plaisirs ; il lui reste* 1759 *fr. : on demande la valeur de ses appointemens.* R. 4300 *fr.*

3ᵐᵉ LEÇON.

De la Multiplication.

12. La Multiplication *a pour but de trouver un nombre appelé* produit *qui soit composé avec un premier nombre donné, appelé* multiplicande, *comme un deuxième nombre aussi donné, nommé* multiplicateur, *est composé avec l'unité.*

Ainsi, *multiplier* 3 *par* 2, c'est chercher un troisième nombre qui soit composé avec 3 comme 2 est composé avec l'unité ; or, 2 est composé de 2 unités ; donc le produit doit être composé de 2 fois 3. Ceci nous fait voir que lorsque le multiplicateur est entier, l'opération consiste à répéter le multiplicande autant de fois qu'il y a d'unités dans le multiplicateur ; de sorte que la multiplication peut être ramenée à une addition : mais cette manière de la faire serait d'autant plus longue que le multiplicateur renfermerait plus d'unités ; elle serait même impraticable si le multiplicateur était très grand. C'est pourquoi on a dû chercher une méthode abrégée d'effectuer cette opération ; nous l'exposerons tout à l'heure.

MULTIPLICATION D'UN NOMBRE D'UN CHIFFRE PAR UN AUTRE AUSSI D'UN CHIFFRE.

Si les deux facteurs (on appelle ainsi le multiplicande et le multiplicateur) sont exprimés par un seul chiffre, on est forcé pour faire leur produit, d'additionner successivement le multipli-

2.

cande à lui-même ; ainsi, pour multiplier 9 par 4, on dit, 9 et 9 font 18 et 9 font 27 et 9 font 36 ; 36 étant composé d'autant de fois 9 que 4 l'est d'unités, représente bien le produit de 9 par 4.

13. Il existe plusieurs manières d'abréger l'opération précédente dans la pratique ; on peut se servir de la table suivante, qu'on appelle *table de Pythagore*, du nom de son inventeur, et qui est construite par le principe de l'addition.

PREMIÈRE MANIÈRE ABRÉGÉE DE TROUVER LE PRODUIT DE DEUX NOMBRES QUI NE CONTIENNENT QU'UN SEUL CHIFFRE.

1	2	3	4	5	6	7	8	9
2	4	6	8	10	12	14	16	18
3	6	9	12	15	18	21	24	27
4	8	12	16	20	24	28	32	36
5	10	15	20	25	30	35	40	45
6	12	18	24	30	36	42	48	54
7	14	21	28	35	42	49	56	63
8	16	24	32	40	48	56	64	72
9	18	27	36	45	54	63	72	81

Cette table est composée de neuf bandes horizontales ; la première bande se forme en ajoutant l'unité successivement à elle-même jusqu'à 9 ; la seconde en ajoutant 2 successivement à 2 jusqu'à 2 répété 9 fois ; la troisième en ajoutant 3 successivement à lui-même jusqu'à 3 multiplié par 9 ét ainsi de suite jusqu'à la neuvième qui se forme de la même manière : on peut aussi regarder cette table comme composée de 9 bandes verticales dont la formation est la même que celle des précédentes.

L'usage de cette table est facile. *Veut-on trou-*

ver *le produit de 7 par 8?* On cherche le nombre 7 dans la première bande horizontale ou verticale, horizontale par exemple, et 8 dans la première bande verticale ; le nombre 56 donné par la rencontre des deux bandes, l'une verticale commençant par 8 et l'autre horizontale commençant par 7 est le produit demandé.

DEUXIÉME MANIÉRE ABRÉGÉE DE TROUVER LE PRODUIT DE DEUX NOMBRES D'UN SEUL CHIFFRE CHACUN.

14. Le produit de deux nombres qui surpassent 5, peut encore se trouver aisément par la règle suivante : *de l'un des nombres retranchez ce qui manque à l'autre pour faire 10, le reste ainsi trouvé représente les dizaines du produit ; puis multipliez les deux petits nombres qui leur manquent pour valoir dix, vous aurez ainsi les unités du produit demandé.*

Exemple : *soit 8 à multiplier par 7 ;* conformément à la règle, de 8 ôtez le nombre 3 qui manque à 7 pour faire 10, vous obtiendrez 5 pour les dizaines du produit, ajoutez-y 6 produit du nombre 2 et 3 qui leur manquent pour valoir 10, et vous aurez définitivement 56 pour le produit demandé.

Ce second moyen l'emporte sur le premier, en ce qu'il permet de trouver de tête le produit de deux nombres, tandis que l'autre exige que l'on ait la table précédente sous les yeux. Ainsi *qu'un élève qui ne sait pas sa table de multiplication, soit au tableau et qu'il ait besoin de connaître combien font 8 fois 9 ;* il appliquera rapidement la règle ci-dessus énoncée, en disant : de 8 j'ôte 1 et j'ai 7 pour les dizaines, j'y ajoute 2 produit des nombres 2 et 1 qui manquent aux deux facteurs pour faire 10 et j'obtiens 72.

15. Une règle analogue à la précédente, peut encore être employée pour déterminer de tête le produit de deux nombres entiers aussi grand que l'on veut, mais peu différens l'un de l'autre, ce moyen étant plus curieux qu'utile, je n'en donnerai qu'un seul exemple :

Soit proposé de multiplier 97 *par* 96 ; je les rapporte l'un et l'autre au nombre rond le plus voisin, dans ce cas c'est 100; puis du premier 97 j'ôte 4 qui manque à l'autre pour faire cent, le reste 93 exprime les centaines du produit ; on y ajoute 12, produit des deux nombres qui leur manquent pour valoir cent, et l'on obtient 9312 pour le produit demandé.

16. Avant de passer au cas général de la multiplication, il est nécessaire d'apprendre les deux principes suivans :

1°. *Pour multiplier un nombre par* 10, 100,... *il suffit de mettre à sa droite un, deux,... zéros;* ce principe est pour ainsi dire évident sans démonstration.

2°. *Pour multiplier un nombre par un autre composé d'un seul chiffre significatif suivi de un ou plusieurs zéros, il faut multiplier le nombre par ce chiffre significatif comme s'il était seul et mettre à la droite de ce produit partiel autant de zéros qu'il y en a à la droite du chiffre significatif.*

Ainsi, je dis que multiplier 237 par 30 revient à multiplier 237 par 3 et à mettre un zéro à la droîte du produit : en effet, si l'on écrit 237 trente fois dans une même colonne verticale comme ci-dessous.

$$\left.\begin{array}{l}
\left.\begin{array}{l}237 \\ 237 \\ 237\end{array}\right\} \quad 711 \\[1ex]
\left.\begin{array}{l}237 \\ 237 \\ 237\end{array}\right\} \quad 711 \\[1ex]
30\ \text{fois}\left\{\ \left.\begin{array}{l}237 \\ 237 \\ 237\end{array}\right\} \quad 711 \right. \\[1ex]
\left.\begin{array}{l}237 \\ 237 \\ 237\end{array}\right\} \quad 711 \\[1ex]
\left.\begin{array}{l}237 \\ 237 \\ 237\end{array}\right\} \quad 711
\end{array}\right\}\ 10\ \text{fois}$$

. . . .

. . . .

on pourra, au lieu d'additionner à la manière ordinaire, séparer cette colonne en dix parties égales contenant chacune trois nombres égaux à 237 ou 711 ; la colonne sera ainsi réduite à 10 nombres égaux à 3 fois 237 ou 711, dont la somme est évidemment 7110 ; *donc pour multi-plier,...* ce qui démontre 2°. La démonstration serait la même si le multiplicateur au lieu d'être 30, était 40, 50, 200, etc. Le principe énoncé (n° 16) est donc démontré.

DÉVELOPPEMENT DU PROCÉDÉ DE LA MULTI-PLICATION DE DEUX NOMBRES ENTIERS L'UN PAR L'AUTRE.

17. Il est facile maintenant d'exposer le pro-cédé de la multiplication de deux nombres entiers quelconques l'un par l'autre.

Soit 3468 à multiplier par 879 ;

La définition de la multiplication nous indique qu'il faut répéter 3468, 879 fois, ou ce qui est la même chose, 9 fois, 70 fois, puis 800 fois et réunir les trois produits partiels en un seul nombre qui sera le produit total.

Pour répéter 3468, 9 fois, il suffit de répéter chacun de ses chiffres 9 fois ; car toutes les parties du multiplicande étant rendues 9 fois plus grandes, lui-même sera rendu autant de fois plus grand. On dispose l'opération comme ci-dessous :

3468	3468	3468
9	70	800
31212	242760	2774400

On commence par la droite, par le même motif que dans l'addition, et on opère de la manière suivante : on dit : 9 fois 8 font 72, qui renferme 2 unités qu'on pose sous les unités et 7 dizaines qu'on retient pour les réunir aux dizaines ; 9 fois 6 dizaines font 54 et 7 de retenue font 61 dizaines, qui contiennent une dizaine et 6 centaines ; on pose une dizaine sous les dizaines et on retient les six centaines pour les réunir aux centaines ; continuant, on dit : 9 fois 4 centaines font 36 et 6 de retenue font 42 centaines ; on pose 2 centaines et on retient les 4 mille qui, ajoutés à 9 fois 3 mille ou 27 mille, font 31 mille, qu'on écrit tout entier à la gauche des centaines et on obtient 31212 pour produit de 3468 par 9.

Pour répéter 3468, 70 fois, il faut, conformément au principe énoncé (n° 16), multiplier

3468 par 7, ce que l'on sait faire, et mettre un zéro à la droite du produit ; ce qui donne 242760.

Enfin, pour répéter 3468, 800 fois, on le multiplie seulement par 8 et on met deux zéros à la droite, ce qui donne 2774400. Réunissant les trois produits partiels qu'on vient de déterminer, en un seul ; on trouve enfin 3048372 pour le produit demandé.

<table>
<tr><td rowspan="6">TYPE
de
l'opération.</td><td>3468 Multiplicande.</td></tr>
<tr><td>879 Multiplicateur.</td></tr>
<tr><td>31212   9 fois le Multiplicande</td></tr>
<tr><td>24276   70. . . . . id. . . .</td></tr>
<tr><td>27744   800. . . . . id. . . .</td></tr>
<tr><td>3048372 Produit.</td></tr>
</table>

Il est à remarquer qu'on peut se dispenser d'écrire les zéros à la droite des produits partiels, car le nombre d'unités des colonnes dont ces zéros font partie, n'en sera pas altéré ; mais il faut avoir soin d'écrire le chiffre des unités de chaque produit partiel au même rang que celui qui a servi de multiplicateur.

De ce qui précède, on peut conclure facilement la règle générale pour faire la multiplication d'un nombre entier par un autre.

PREUVE DE LA MULTIPLICATION PAR LA MULTIPLICATION ELLEMÊME.

48. La preuve de la multiplication peut se faire par la multiplication elle-même, en prenant le multiplicateur pour le multiplicande et réciproquement ; mais pour cela il faut démontrer que *le produit de deux facteurs ne change pas, quel que soit celui des deux que l'on prenne pour multi-*

plicateur : ainsi , je dis que 4 multiplié par 3 donne le même produit que 3 multiplié par 4 ; en effet, 4 étant la réunion de 4 unités, peut être représenté par la colonne horizontale 1 , 1 , 1 , 1 et si l'on répète cette colonne 3 fois, on aura le tableau suivant :

$$1 , 1 , 1 , 1$$
$$1 , 1 , 1 , 1$$
$$1 , 1 , 1 , 1$$

Il est manifeste que le nombre total d'unités y contenues, en additionnant par colonne horizontale, est égal à 4 répété 3 fois , ou, à 4 multiplié par 3 ; si on additionne par colonne verticale, on trouve que chacune contient 3 unités, et comme il y en a 4, il suit que le nombre d'unités du tableau est aussi égal à 3 répété 4 fois, ou, à 3 multiplié par 4 ; le principe est donc démontré : on l'indique ainsi d'une manière abrégée, $4 \times 3 = 3 \times 4$; le signe $\times$ signifie *multiplié par* et celui-ci $=$, *égale.*

Par conséquent , pour vérifier l'opération précédente, on pourra multiplier 879 par 3468 et on devra retrouver le même produit :

$$\begin{array}{r} 879 \\ 3468 \\ \hline 7032 \\ 5274 \\ 3516 \\ 2637 \\ \hline 3048372 \end{array}$$

19. Il est une preuve, *dite par* 9, qui est très simple et que nous pouvons indiquer ici, sauf à en donner plus loin la démonstration. Voici en quoi elle consiste : *on additionne séparément les chiffres du multiplicande et du multiplicateur considérés comme unités simples, et chaque fois que la somme égale ou dépasse* 9 , on ôte 9 unités et l'on continue jusqu'à ce qu'on ait épuisé l'addition de tous les chiffres; on arrive ainsi à deux restes qui peuvent être nuls, mais qui sont toujours plus petits que 9 : on multiplie ces 2 restes et on opère sur leur produit comme on vient de l'indiquer; on trouve ainsi un troisième reste qui doit être égal à celui qu'on obtiendra en agissant de la même manière sur le produit total.

Appliquons cette règle à la vérification du produit 3048372 des deux nombres 3468 et 879. Considérant le multiplicande, on dit : 3 et 4 font 7 et 6 font 13 unités; ôtant 9, reste 4 qui, augmentées de 8, font 12; ôtant 9 il vient 3 pour reste qu'on écrit dans un des quatre angles formés par deux droites qui se coupent.

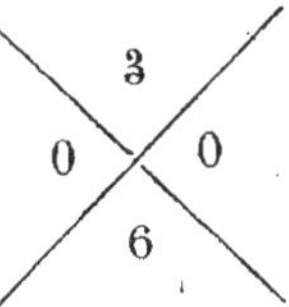

Passant au multiplicateur; on dit de même 8 et 7 font 15, ôtant 9, reste 6 : comme le chiffre suivant est un 9, il est inutile de l'ajouter. On trouve donc 6 pour reste qu'on écrit dans l'angle opposé : on multiplie 3 par 6, ce qui donne 18 et l'on dit 1 et 8 font 9, ôtant 9 il reste 0 qu'on écrit dans un des deux autres angles ; il faut maintenant que l'on trouve zéro pour reste en opérant de la même manière sur le produit total ; c'est ce qui arrive en effet, car 3 et 4 font 7 et 8 font 15, ôtant 9 reste 6 et 3 font 9, ôtant encore 9 il reste 0 qui, augmenté de 7, donne 7 et 2 font 9, ôtant 9 reste 0.

Remarque. La preuve par 9 étant juste, il n'est pas certain que le produit le soit : par exemple si dans le produit, au lieu d'un 9 on met un 0, par inadvertance, et réciproquement, la preuve serait juste et le produit évidemment faux. Il en serait de même si l'un des chiffres se trouvant trop fort d'un certain nombre d'unités, un autre se trouvait en même temps trop faible du même nombre d'unités.

Nous pourrions aussi exposer la preuve par 11, mais comme elle est un peu plus difficile dans l'application, nous la donnerons plus tard.

ÉNONCÉS DE PROBLÈMES RELATIFS A LA MULTIPLICATION.

1er. *Une armée est composée de 187 escadrons de 157 hommes chaque, et de 207 bataillons de 560 ; on veut connaître l'effectif des hommes présents sous les armes, en supposant qu'il y en a 473 dans les hôpitaux. R. 144806 hommes.*

2me. *Un officier qui a 145 francs d'appointements par mois, reçoit une année qui lui était due d'arriéré ; sur cette somme il prend les fonds né-*

cessaires pour acquitter 15 *mois de pension , à raison de 60 fr. par mois ; on demande ce qui lui reste.* R. 840 fr.

3me. *Combien un jeune homme de 21 ans 8 mois 17 jours a-t-il vécu de minutes , sachant qu'une année vaut 365 jours , le mois 30 jours , le jour 24 heures et l'heure 60 minutes.* R. 11415260.

4me. *Combien a-t-on dépensé pour une remonte de 1232 chevaux qui ont été payés 420 fr. chaque ; les frais de remonte se sont élevés à 7241 fr.* R. 524681.

THÉORIE DE L'INTERVERTISSEMENT DES FACTEURS.

20. Cette théorie a pour but de faire voir *qu'un nombre composé d'un nombre quelconque de facteurs ne change pas , dans quelqu'ordre qu'on effectue la multiplication.*

Pour démontrer cette proposition, il faut connaître les trois suivantes :

1°. *Un produit composé de trois facteurs ne change pas quand on intervertit l'ordre des deux derniers facteurs.*

Je dis que $5 \times \overline{3 \times 2} = 5 \times \overline{2 \times 3}$.

En effet , j'écris 5 trois fois sur une ligne horizontale. 5 5 5

                  5 5 5

et je répète cette ligne 2 fois ; si on additionne ce tableau par colonne horizontale, on trouve évidemment $5 \times 3 \times 2$; additionnant par colonne verticale , on trouve pour la première 5×2 ; comme il y a trois colonnes et qu'elles sont égales , on aura pour la somme totale $5 \times 2 \times 3$; donc $5 \times 3 \times 2 = 5 \times 2 \times 3$.

2°. *Dans un produit quelconque de facteurs, on peut intervertir l'ordre des deux derniers sans altérer le produit;*

Ainsi, $5 \times 3 \times 7 \times 9 \times \overline{8 \times 4} = 5 \times 3 \times 7 \times 9 \times \overline{4 \times 8}$.

En effet, si l'on voulait effectuer ces deux produits de facteurs , on commencerait par multiplier 5 par 3, par 7 et par 9, ce qui donnerait le même nombre dans les deux produits ; les deux produits ne seraient plus alors composés que de trois facteurs dans lesquels l'ordre des deux derniers seulement serait différent , par conséquent ils sont égaux. C. Q. F. D.

3°. *Dans un produit quelconque de facteurs, on peut intervertir l'ordre de deux facteurs consécutifs sans changer le produit.* Je dis que,

$$7 \times 8 \times 11 \times \overline{2 \times 3} \times 4 \times 5 \times 6 = 7 \times 8 \times 11 \times \overline{3 \times 2} \times 4 \times 5 \times 6.$$

En effet, il suit de tout ce que nous avons vu, que le produit de tous les facteurs qui précèdent 4 est le même dans les deux produits; par conséquent ces deux produits sont égaux. C. Q. F. D.

On peut maintenant conclure facilement la proposition générale , *qu'un produit composé d'un nombre quelconque de etc.....*

Conséquence première. *Si on rend un seul facteur d'un produit composé de plusieurs facteurs, un certain nombre de fois plus grand ou plus petit, le produit tout entier est rendu le même nombre de fois plus grand ou plus petit.* Soit ;

$2 \times 7 \times 8 \times \overline{3} \times 9 \times 11$, on rend le facteur 3 quatre fois plus grand , ce qui donne $2 \times 7 \times 8 \times \overline{12} \times 9 \times 11$; il faut démontrer que $2 \times 7 \times 8 \times \overline{12} \times 9 \times 11 = (2 \times 7 \times 8 \times 3 \times 9 \times 11) \times 4$.

En effet, $2 \times 7 \times 8 \times 12 \times 9 \times 11 = 12 \times 2 \times 7 \times 8 \times 9 \times 11 = 3 \times 4 \times 2 \times 7 \times 8 \times 9 \times 11 = 3 \times 2 \times 7 \times 8 \times 9 \times 11 \times 4$. C. Q. F. D.

Il est manifeste à présent que *si l'on rendait un facteur un certain nombre de fois plus petit, etc...* On démontrerait de même que, 1°. *Si l'on rend en même temps plusieurs facteurs un certain nombre de fois plus grands, le produit primitif est rendu d'autant de fois plus grand qu'il y a d'unités dans le produit de tous les facteurs introduits.*

Multiplier un nombre par un autre qui est le produit effectué de plusieurs facteurs, revient à multiplier le premier nombre successivement par les facteurs du deuxième ; par exemple, sachant que $48 = 4 \times 2 \times 6$, je dis que

$$57 \times 48 = 57 \times 4 \times 2 \times 6 ;$$

En effet, $57 \times 48 = 48 \times 57 = 4 \times 2 \times 6 \times 57 = 57 \times 4 \times 2 \times 6$.

4me LEÇON.

Sommaire. — **Division.** — **Preuve de cette opération.** — **Principes y relatifs.** — **Problèmes.**

De la Division.

21. Cette opération a été définie des trois manières suivantes dans les traités d'arithmétique.

1°. La division a pour but, *connaissant un produit de deux facteurs et un des facteurs, trouver l'autre.*

Le produit, prend le nom de *dividende*, le facteur connu s'appelle *diviseur*, et celui qu'on cherche, *quotient*.

2°. *D'apprendre à partager un nombre appelé* DIVIDENDE *en autant de parties égales qu'il y a d'unités dans un second nombre, appelé* DIVISEUR.

3°. *D'apprendre à connaître combien de fois un nombre, appelé* DIVIDENDE, *en contient un autre, nommé* DIVISEUR.

Les deux dernières définitions rentrent évidemment dans la première ; en effet, qu'il s'agisse de *partager* 12 *en trois parties égales ;* on dira, si l'une des trois parties était connue, en la répétant 3 fois on reproduirait 12 ; donc, on peut regarder 12 comme un produit de deux facteurs, dont l'un est 3 et dont l'autre est inconnu.

Nous considérerons donc la division sous le premier point de vue, parce qu'il permet de développer avec plus de facilité les raisonnemens relatifs à cette règle.

22. *Soit proposé de diviser* 30172 *par* 794.

Conformément à la définition, *il s'agit de trouver un nombre qui, multiplié par* 794, *reproduise* 30172; 30172 se compose donc de tous les produits partiels du diviseur 794 par chacun des chiffres du quotient; pour savoir de combien de produits partiels se compose le dividende, il est nécessaire de connaître le nombre des chiffres du quotient, c'est à quoi l'on parvient par la règle suivante.

On met un zéro à la droite du diviseur, et si le nombre qu'on obtient ainsi est plus petit que le dividende, il y a évidemment des dizaines au quotient. On continue à mettre ainsi successivement un zéro de plus à la droite du diviseur, jusqu'à ce qu'on ait obtenu un nombre plus fort que le dividende, et il est facile d'après cela de voir combien il y aura de chiffres au quotient : ainsi dans cet exemple, en mettant un zéro à la droite du diviseur, on obtient 7940, nombre plus petit que le dividende; donc il y a au moins des dizaines; mettant un zéro de plus on obtient 79400, plus grand que 30172 ; donc il n'y a pas de centaines ; ainsi le quotient contient des dizaines et des unités.

Par conséquent 30172 est la réunion de deux produits partiels, savoir, *du produit du diviseur par les unités et les dizaines du quotient;* mais nous savons (12) que le produit du diviseur par le chiffre des dizaines du quotient se trouve contenu dans les dizaines de 30172 ; ainsi 3017 contient le produit de 794 par le chiffre cherché, plus les dizaines de retenue provenant du produit de 794, par les unités du quotient. Mais, quelque soit le nombre des retenues, *je dis que le chiffre des dizaines est toujours exactement égal au nombre de fois que le diviseur est contenu dans le dividende partiel;* en effet, supposons un instant, pour fixer les idées, que 794 soit contenu au plus 6 fois dans 3017, je dis que 6 est bien dans ce cas le chiffre véritable des dizaines ; il n'est pas trop faible puisque 7 serait trop fort ; il n'est pas trop fort puisque, par hypothèse, le produit de 794 par 6 dizaines peut se soustraire de 30170 et à fortiori de 30172.

Toute la division consiste donc à pouvoir déterminer le plus grand nombre de fois que le diviseur est contenu dans le dividende partiel 3017. Pour cela, il se présente trois moyens qu'il est bon de connaître, quoique le troisième soit le seul employé dans la pratique.

MOYEN POUR CONNAITRE COMBIEN DE FOIS LE DIVISEUR EST CONTENU DANS LE DIVIDENDE PARTIEL.

Premier moyen. On soustrait le diviseur du dividende partiel autant que cela se peut, le nombre de soustractions ainsi faites, indiquera évidemment combien de fois le diviseur est contenu dans ce dividende, et par suite on connaîtra, d'après la démonstration donnée ci-dessus, le chiffre des plus hautes unités du quotient.

Ce moyen est trop simple pour qu'on en fasse ici l'application.

Deuxième moyen. On multiplie le diviseur successivement par 1, 2, 3, etc., jusqu'à 9 et l'on voit entre quels de ces multiples se trouve compris le dividende. Il est manifeste d'après cela que l'on sait au juste combien le diviseur est contenu de fois dans le dividende partiel; ce procédé doit être suffisamment compris sans qu'il soit nécessaire de l'appliquer.

Troisième moyen. On regarde le dividende partiel 3017 comme composé de trois produits partiels, savoir : *du produit du chiffre cherché par les 4 unités, les 9 dizaines et les 7 centaines du diviseur.*

Le produit du chiffre cherché par le chiffre des centaines du diviseur se trouve (d'après les règles de la multiplication) évidemment contenu dans les centaines du dividende partiel 3017; ainsi nous sommes certains que 30 contient le produit du chiffre 7 par le chiffre cherché; mais 30 peut contenir en outre des retenues provenant du produit du chiffre 9 du diviseur par le chiffre cherché et de celui des 7 centaines par les unités du quotient; c'est pourquoi le quotient de 30 par 7 peut être un chiffre trop fort, mais jamais trop faible; pour s'en assurer, on multiplie tout le diviseur par le chiffre trouvé et on voit si ce produit peut se soustraire du dividende partiel dont il fait partie; si cela se peut, il n'est pas trop fort, donc il est juste; si cela ne se peut, il est trop fort et alors on le diminue d'une unité jusqu'à ce que le produit de ce chiffre ainsi diminué, par le diviseur, puisse se soustraire.

3.

$$
\begin{array}{c|c}
30172 & 794 \\
2382 & \\
\hline
6352 & 38 \\
6352 & \\
\hline
0000 &
\end{array}
$$

Dans l'exemple qui nous occupe , 30 contient 7 quatre fois ; multipliant 794 par 4 on trouve 3176, plus grand que 3017 ; donc 4 est trop fort ; on diminue d'une unité et comme 794 × 3 donne 2382 qui peut se soustraire de 3017, il s'ensuit que 3 est le véritable chiffre des dizaines ; après avoir soustrait 2382 dizaines, on trouve pour reste 6352 qui contient encore le produit du diviseur par les unités ; on raisonnera de la même manière que précédemment, et on dira, en 63 combien de fois 7, il y est 9 fois ; on essaie 9 et on trouve qu'il est trop fort ; on est conduit à essayer 8, on voit que le produit de 794 par 8 donne juste 6352 ; on en conclut que 8 est le chiffre des unités, et comme il ne reste plus rien , on dit que la division s'est faite exactement. On ferait le même raisonnement quels que fussent les deux nombres qu'on aurait à diviser l'un par l'autre. Ce qui précède étant bien entendu, on peut en conclure la règle suivante pour faire une division.

REGLE A SUIVRE POUR FAIRE LA DIVISION DE DEUX NOMBRES ENTIERS L'UN PAR L'AUTRE.

23. *On détermine le nombre des chiffres du quotient et l'on cherche dans quelle partie du dividende total se trouve le produit du diviseur par les plus hautes unités du quotient ; cette partie du dividende total se nomme premier dividende par-*

tiel (on la trouve facilement dans la pratique, en prenant sur la gauche du dividende autant de chiffres qu'il en faut pour contenir le diviseur) ; *on les sépare par une virgule des autres chiffres ; cela fait, on divise le premier ou les deux premiers chiffres à gauche du dividende partiel par le premier du diviseur et le quotient que l'on trouve, représente le premier chiffre du quotient total ou un chiffre trop fort, pour s'en assurer on multiplie tout le diviseur par ce chiffre et si ce produit peut se soustraire, il n'est pas trop fort; dans le cas contraire, on le diminue successivement d'une unité jusqu'à ce qu'il ne soit pas trop fort. On obtient un reste à côté duquel il n'est nécessaire d'abaisser que le premier chiffre à droite de la virgule, ce qui donne le deuxième dividende partiel, sur lequel on agit comme on l'a fait ci-dessus pour le premier dividende partiel, on continue de la même manière, et on finit par abaisser le dernier chiffre du dividende; on obtient alors un dernier dividende partiel qui sert à trouver les unités du quotient. Si après avoir essayé les unités du quotient, on trouve zéro pour reste, la division est exacte; dans le cas contraire la division ne se fait pas exactement et le quotient est obtenu, à moins d'une unité d'erreur.*

24. Voici comment on opère dans la pratique.

Soit à diviser les deux nombres suivans pris au hasard 2745692 par 6947.

On dispose ordinairement le diviseur à droite du dividende et le quotient au-dessous du diviseur.

$$\begin{array}{r|l}
2745692 & 6947 \\
66159 & \\ \cline{2-2}
36362 & 395 \\
1627 &
\end{array}$$

On sépare par une virgule les cinq premiers chiffres à gauche du dividende nécessaires pour contenir le diviseur, et l'on dit, en 27 combien de fois 6, il y est 4 fois, on reconnaît que 4 est trop fort ; on essaie 3, en disant 3 fois 7 font 21, de 6 cela ne se peut, on augmente alors le chiffre duquel on doit retrancher d'assez de dizaines pour que la soustraction puisse se faire ; on dira donc 21 de 26 reste 5 ; comme on a augmenté le nombre dont on soustrait de 20 unités ou 2 dizaines, il faudra, par compensation, augmenter le nombre à soustraire de la même quantité ; continuant, on dira 3 fois 4 dizaines font 12 dizaines et deux d'augmentation font 14, de 5 cela ne se peut ; de 15 reste 1 ; 3 fois 9 font 27 et 1 de retenue font 28, de 4, cela ne se peut, de 34 reste 6 ; 3 fois 6 font 18 et 3 de retenue font 21, de 27 reste 6 ; le reste partiel est donc 6615 ; on abaisse le chiffre suivant 9 et l'on dit en 66 combien de fois 6, il y est 11 fois ; mais on ne doit essayer que 9 (on doit voir pourquoi) ; on dit 9 fois 7 font 63, de 69 reste 6 et je retiens 6 ; 9 fois 4 font 36 et 6 font 42, de 45 reste 3 et retiens 4 ; 9 fois 9 font 81 et 4 font 85, de 91 reste 6 et retiens 9 ; 9 fois 6 font 54 et 9 de retenue font 63, de 66 reste 3 ; abaissant le chiffre 2 et continuant de la même manière, on trouve 5 pour quotient et 1627 pour reste, ce qui indique que la division ne se fait pas exactement.

25. *Première remarque.* Lorsqu'un dividende partiel ne contient pas le diviseur, il est évident qu'on doit mettre un zéro au quotient.

Deuxième remarque. Nous savons reconnaître si un chiffre mis au quotient est trop fort ; on s'aperçoit qu'il est trop faible lorsque le reste contient encore le diviseur ; ce cas ne devrait jamais se présenter si l'on opérait bien , puisque nous avons démontré que le chiffre trouvé au quotient n'est jamais trop faible.

PREUVE DE LA DIVISION PAR LA MULTIPLICATION.

Troisième remarque. Le dividende est toujours égal au diviseur multiplié par le quotient plus le reste. De là un moyen de vérifier si la division a été faite exactement ; il est plus simple de se servir de la preuve par 9 ou par 11.

Nous verrons plus loin (29) ce qu'on doit faire du reste d'une division.

Pour indiquer qu'une quantité doit être divisée par une autre, on sépare celle-ci de la première par le signe (:); ainsi 12 : 3 indique que 12 doit être divisé par 3.

PRINCIPES RELATIFS A LA DIVISION.

26. 1° *Si on rend le dividende un certain nombre de fois plus grand ou plus petit, sans toucher au diviseur , le quotient devient le même nombre de fois plus grand ou plus petit.*

2° *Si on rend le dividende et le diviseur le même nombre de fois plus grand ou plus petit, le quotient ne change pas, mais le reste, s'il y en a un, devient le même nombre de fois plus grand ou plus petit.*

PROBLÈMES DÉPENDANTS DE LA DIVISION.

1er. 48 Sapeurs ont enlevé 14208 mètres cubes de.terre ; combien chaque sapeur en a-t-il enlevé ? R. 296 mètres cubes.

2e. On doit distribuer, pour plusieurs jours, aux hommes de trois compagnies composées chacune de 98 hommes, 5292 rations de pains de munition : combien doit-il en revenir à chacun d'eux ? R. 18.

3e. 368 chevaux ont coûté 194304 fr. ; on demande combien on paierait pour 57 chevaux de plus. R. 30096 fr.

5me LEÇON.

Fractions ordinaires.

27. On donne le nom de *fraction* à toute quantité plus petite que l'unité ; le nom de fraction ordinaire a été réservé pour les fractions qui ont un rapport commensurable ou une commune mesure avec l'unité à laquelle on les a comparées. Ceci mérite explication : *que l'on prenne le mètre,* par exemple, *pour unité de mesure ;* toute ligne droite plus petite que lui ne sera une fraction ordinaire qu'autant qu'elle contiendra un certain nombre de parties égales dans lesquelles le mètre serait partagé ; or, on conçoit qu'il peut arriver qu'en divisant le mètre en un nombre immense de parties égales, la ligne en question ne contienne jamais un nombre exact de ses parties, quelques petites qu'on les suppose : cette ligne aurait alors avec l'unité un rapport qui ne pourrait s'exprimer et la fraction qui la représenterait serait dite *incommensurable.*

Une fraction ordinaire est une ou plusieurs parties de l'unité divisée en un certain nombre de parties égales. Ainsi, que le mètre soit divisé en 12 parties égales et qu'on en prenne 5, on aura une fraction ordinaire qu'on énonce *cinq douzièmes ;* qu'il soit divisé en 100 et qu'on en prenne

17, la fraction s'énoncera *dix-sept centièmes;* d'où l'on voit que pour énoncer une fraction ordinaire, il faut employer deux mots, dont l'un indique en combien de parties égales l'unité est divisée (on l'appelle *dénominateur*), et l'autre combien on prend de ces parties (ce dernier s'appelle *numérateur*).

On est convenu d'écrire une fraction en plaçant le dénominateur sous le numérateur et en les séparant par un trait horizontal; cinq douzièmes, dix-sept centièmes, s'écrivent ainsi :

$$\frac{5}{12}, \quad \frac{17}{100}.$$

28. *Une fraction peut être considérée comme le quotient du numérateur par le dénominateur;* ainsi $\frac{5}{12}$, est la même chose que 5 divisé par 12. On pourrait croire au premier abord que c'est une niaiserie de chercher à démontrer que $\frac{5}{12} = 5 : 12$, mais si on se donne la peine de réfléchir, on verra que 5 divisé par 12 indique une des douze parties égales dans lesquelles on peut partager 5 entiers, tandis que $\frac{5}{12}$ indique 5 parties de l'unité divisée en 12 parties égales, et certes ces deux résultats ne paraissent pas identiques; voici la démonstration : Si on avait une unité à diviser par 12, le résultat serait évidemment $\frac{1}{12}$; ainsi $1 : 12 = \frac{1}{12}$; si au lieu d'un entier on en a 5, le nouveau quotient doit être 5 fois plus grand que $\frac{1}{12}$,

c'est-à-dire $\frac{5}{12}$, puisque le dividende est devenu 5 fois plus grand et que le diviseur n'a pas changé ; ainsi, $5 : 12 = \frac{5}{12}$ C. Q. F. D.

De là il suit (26) qu'*on peut multiplier ou diviser les deux termes d'une fraction par un même nombre sans changer sa valeur ;* mais dans le paragraphe suivant, nous démontrerons ce principe directement comme on le fait ordinairement.

CE QU'ON DOIT FAIRE DU RESTE D'UNE DIVISION.

29. On doit voir d'après ce qui précède, ce qu'on doit faire du reste d'une division : soit 37 francs à partager entre 8 personnes ; on divisera 37 par 8, on aura 4 pour quotient et 5 pour reste ;

$$\begin{array}{c|c} 37 & 8 \\ \hline 5 & 4 \end{array}$$

ce qui indique qu'il doit revenir 4 francs à chaque personne, plus la huitième partie de 5 fr., ou, ce qui est la même chose, $\frac{5}{8}$ de franc ; ainsi le quotient exact est $4^{\text{F}} + \frac{5}{8}$. Donc : *le quotient complet d'une division se compose de la partie entière du quotient plus une fraction qui a pour numérateur le reste de la division et pour dénominateur le diviseur.*

DU CHANGEMENT QU'ON OPÈRE DANS UNE FRACTION EN TOUCHANT AU NUMÉRATEUR, OU, AU DÉNOMINATEUR.

30. Premier principe. *Si on rend le numérateur tout seul un certain nombre de fois plus grand, on rend la fraction le même nombre de fois plus grande.*

Deuxième principe. *Si on rend le dénominateur seul un certain nombre de fois plus grand, on rend la fraction le même nombre de fois plus petite.*

Troisième principe. *En rendant le numérateur tout seul un certain nombre de fois plus petit, la fraction devient le même nombre de fois plus petite.*

Quatrième principe. *En rendant le dénominateur tout seul un certain nombre de fois plus petit, la fraction devient le même nombre de fois plus grande.*

Démonstration. Soit la fraction $\frac{5}{12}$; je multiplie le numérateur seul par 2 et j'ai la nouvelle fraction $\frac{10}{12}$ qui est évidemment deux fois plus grande, car on prend deux fois plus des mêmes parties : multipliant le dénominateur seul par 2, on obtient $\frac{5}{24}$ qui est 2 fois plus petite, car $\frac{5}{12}$ expriment 5 parties de l'unité divisée en 12, et $\frac{5}{24}$ expriment 5 parties de la même unité divisée en 24 parties, c'est-à-dire, en 2 fois plus de parties qu'avant, donc elles sont deux fois plus petites, et comme on en prend le même nombre, il s'ensuit que $\frac{5}{24}$ est deux fois plus petit que $\frac{5}{12}$; donc, etc.

Ce qui démontre les 1er et 2e principes, on démontrerait de même les 3e et 4e; donc, etc.

Conséquences. On ne change pas une fraction en rendant ses deux termes le même nombre de fois plus grands ou plus petits. On s'exercera à démontrer qu'on change une fraction en ajoutant à ses deux termes, ou, en en retranchant le même nombre ; dans le premier cas elle augmente et dans le second elle diminue.

31. Comme on ne change pas une fraction en multipliant ses deux termes par un même nombre, il est évident qu'on *réduira deux ou plusieurs fractions au même dénominateur en multipliant les deux termes de chacune par le produit des dénominateurs de toutes les autres.*

Soient $\frac{3}{4}$ et $\frac{5}{7}$ à réduire au même dénominateur ; on multiplie les deux termes de $\frac{3}{4}$ par 7, ce qui donne $\frac{21}{28}$ et ceux de $\frac{5}{7}$ par 4, ce qui donne $\frac{20}{38}$.

Soient encore $\frac{2}{3}$, $\frac{4}{5}$, $\frac{6}{7}$, et $\frac{3}{11}$, on multiplie les deux termes de $\frac{2}{3}$ par 385, produit de $5 \times 7 \times 11$; ceux de $\frac{4}{5}$ par 231, produit de $3 \times 7 \times 11$; etc. Cette règle générale est souvent modifiée avec avantage dans la pratique ; mais pour cela il faut savoir décomposer un nombre en ses facteurs premiers ; c'est pourquoi nous reviendrons plus loin sur cette règle.

OPÉRATIONS SUR LES FRACTIONS ORDINAIRES.

32. Dans l'addition des fractions, il peut se présenter deux cas ; ou, elles ont le même dénominateur ; ou, elles ne l'ont pas ; si elles ont le même dénominateur, il faut évidemment faire la somme de tous les numérateurs et la diviser par

le dénominateur commun ; si elles ne l'ont pas on les y réduit, et l'addition rentre dans le premier cas.

Soit proposé d'ajouter les fractions $\frac{3}{17}$, $\frac{11}{17}$, $\frac{2}{17}$; on dira 3 et 11 font 14 et 2 font 16, ainsi la somme sera $\frac{16}{17}$. Soient encore à ajouter les fractions $\frac{5}{6}$, $\frac{7}{12}$, $\frac{13}{18}$; on les transforme dans les suivantes, qui leur sont équivalentes $\frac{30}{36}$, $\frac{21}{36}$, $\frac{26}{36}$ et dont la somme est $\frac{30+21+26}{36} = \frac{77}{36}$.

TRANSFORMER UN ENTIER EN FRACTION D'UNE ESPÈCE DONNÉE.

33. Pour convertir un entier en fraction d'une espèce donnée, *on multiplie l'entier par le dénominateur de la fraction de l'espèce voulue et on divise le produit par ce même dénominateur ;* en effet, soient 7 entiers à convertir en huitièmes ; puisqu'un entier vaut $\frac{8}{8}$, 7 entiers vaudront 7 fois plus, c'est-à-dire $\frac{8 \times 7}{8}$ ou $\frac{56}{8}$; ce qui démontre la règle énoncée. Il est facile, d'après cela, d'ajouter un entier à une fraction ; soit 12 à ajouter avec $\frac{7}{8}$, on convertit l'entier 12 en huitièmes, ce qui donne $\frac{96}{8}$ qui ajoutés à $\frac{7}{8}$ donnent $\frac{103}{8}$.

Ainsi, *pour ajouter un entier à une fraction, il faut multiplier l'entier par le dénominateur, ajouter à ce produit le numérateur et diviser la somme par le dénominateur de la fraction.*

EXTRAIRE LES ENTIERS CONTENUS DANS UN NOMBRE FRACTIONNAIRE.

34. *Pour extraire les entiers d'un nombre fractionnaire, on divise le numérateur par le dénomi-*

nateur et le quotient indique les entiers y conte-
nus ; cette règle se trouve démontrée par le n°. 28,
dans lequel on a fait voir qu'une fraction peut
être considérée comme le quotient du numérateur par le dénominateur; mais on peut en donner une démonstration directe de cette manière,
soit $\frac{103}{8}$, on dira : il faut $\frac{8}{8}$ pour valoir une unité,
donc autant de fois 8 sera contenu dans 103
autant il y aura de fois $\frac{8}{8}$ ou 1 dans $\frac{103}{8}$; 103 contient 8 , 12 fois avec 7 pour reste ce qui donne
12 entiers et $\frac{7}{8}$.

SOUSTRACTION.

35. Ce qui a été dit de l'addition doit suffire
pour faire voir comment on peut soustraire une
fraction d'une autre.

MULTIPLICATION.

36. *Pour multiplier deux fractions l'une par*
l'autre, on fait le produit des deux numérateurs
qu'on divise par le produit des dénominateurs ;
en effet, soit $\frac{3}{4}$ à multiplier par $\frac{5}{7}$, ce qui s'écrit
$\frac{3}{4} \times \frac{5}{7}$: D'après la définition de la multiplication,
il s'agit de trouver un produit qui soit composé
avec $\frac{3}{4}$ comme $\frac{5}{7}$ l'est avec l'unité ; or $\frac{5}{7}$ est évidemment composé de 5 fois le $\frac{1}{7}$ de l'unité ,
donc le produit doit être composé de 5 fois le
$\frac{1}{7}$ de $\frac{3}{4}$; $\frac{1}{7}$ de $\frac{3}{4}$ s'obtient en multipliant le dénominateur 4 par 7, ce qui donne $\frac{3}{4 \times 7}$, et 5

fois le $\frac{1}{7}$ s'obtient en rendant $\frac{3}{4 \times 7}$ 5 fois plus grand, ce qui se fait en multipliant le numérateur par 5; on a donc pour produit $\frac{3 \times 5}{4 \times 7}$. Ce qui démontre la règle énoncée.

37. *Le cas où l'on aurait un entier à multiplier par une fraction, ou, une fraction à multiplier par un entier, revient à la multiplication de deux fractions en mettant l'entier sous forme de fraction qui aurait 1 pour dénominateur.* Soit 3 à multiplier par $\frac{2}{5}$ et $\frac{4}{7}$ à multiplier par 6; on met ces deux produits sous la forme suivante, $\frac{3}{1} \times \frac{2}{5}$ et $\frac{4}{7} \times \frac{6}{1}$ et l'on obtient pour résultat $\frac{3 \times 2}{5}$ et $\frac{4 \times 6}{7}$; d'où l'on peut déduire la règle à suivre pour multiplier un entier par une fraction ou une fraction par un entier; on pourrait aussi faire pour ce cas un raisonnement analogue à celui que l'on a fait dans la multiplication de deux fractions.

FRACTIONS DE FRAC-
TIONS.

38. *Remarque.* Nous venons de voir que multiplier $\frac{3}{4}$ par $\frac{5}{7}$, ou, prendre les $\frac{5}{7}$ de $\frac{3}{4}$, c'est la même chose; ainsi, multiplier une fraction par une fraction, revient à prendre *une fraction de fraction;* par conséquent, le produit est toujours plus petit que chacun des facteurs. Si l'on avait à prendre les $\frac{2}{3}$ des $\frac{3}{4}$ des $\frac{5}{6}$ des $\frac{4}{5}$ de $\frac{12}{1}$; il suffirait de multiplier tous les numérateurs et de diviser leur produit par celui de tous les dénomi-

nateurs, ou mieux, de disposer ces deux produits de la manière suivante et de faire la réduction , en effaçant les facteurs communs aux deux termes ,

$$\frac{2 \times 3 \times 5 \times 4 \times 12}{3 \times 4 \times 6 \times 5 \times 1}$$

Supprimant les facteurs 3 , 4 et 5 qui sont communs , il vient

$$\frac{2 \times 12}{6 \times 1} = 4$$

Ainsi, le résultat cherché, serait 4.

On doit voir ce qu'il y aurait à faire s'il y avait des entiers joints aux fractions.

DIVISION.

39. Nous considérerons de suite le cas de la division de deux fractions l'une par l'autre, parce que la division d'un entier par une fraction , ou , d'une fraction par un entier, de même que la division d'entiers joints à des fractions par des entiers joints à des fractions, peut toujours s'y ramener.

La division de deux fractions se fait en multipliant la fraction dividende par la fraction diviseur renversée. En effet, soit $\frac{3}{4}$ à diviser par $\frac{5}{7}$ (on l'indique ainsi $\frac{3}{4} : \frac{5}{7}$). Nous savons que la division a pour but , *étant donné un produit de deux facteurs et un de ses facteurs, trouver l'autre;* par conséquent nous regarderons $\frac{3}{4}$ comme un produit de deux facteurs dont l'un est $\frac{5}{7}$, et nous dirons : si le facteur cherché appelé quotient était connu, en le multipliant par le diviseur $\frac{5}{7}$,

nous devrions reproduire le dividende $\frac{3}{4}$; or,

multiplier le quotient par $\frac{5}{7}$ revient, comme nous

l'avons vu dans la multiplication, à prendre 5

fois le $\frac{1}{7}$ du quotient; on peut donc dire, 5 fois le

$\frac{1}{7}$ du quotient égale $\frac{3}{4}$; une seule fois le $\frac{1}{7}$ du

quotient vaudra une quantité 5 fois plus petite

que $\frac{3}{4}$, c'est-à-dire $\frac{3}{4 \times 5}$, et les $\frac{7}{7}$ du quotient,

ou le quotient tout entier, vaudra 7 fois plus que

$\frac{3}{4 \times 5}$, c'est-à-dire $\frac{3 \times 7}{4 \times 5}$; ce qui démontre la

règle énoncée.

40. 1°. *Remarque. Si les fractions ont le même dénominateur, il suffit de diviser le numérateur de la fraction dividende par le numérateur de la fraction diviseur;* soit $\frac{3}{7}$ à diviser par $\frac{4}{7}$; on trouve

pour le quotient, d'après la règle, $\frac{3 \times 7}{7 \times 4}$ ou $\frac{3}{4}$,

en effaçant le facteur 7. C. Q. F. D.

2°. *Si les fractions ont le même numérateur, le quotient est égal au dénominateur de la fraction diviseur divisé par celui de la fraction dividende.* En effet, $\frac{3}{5} : \frac{3}{7} = \frac{3 \times 7}{5 \times 3} = \frac{7}{5}$, en effaçant le fac-

teur 3 commun au numérateur et au dénomina-

teur, ce qui ne change pas la fraction.

On trouvera facilement, sans qu'il soit besoin

de le démontrer ici, *que le quotient de la division*

d'un entier par une fraction s'obtient en multi-
pliant l'entier par la fraction renversée,

$$\text{Ainsi } 4 : \frac{3}{5} = 4 \times \frac{5}{3} = \frac{20}{3}.$$

41. Pour diviser un entier joint à une fraction par un entier aussi joint à une fraction, on fait un nombre fractionnaire de l'entier et de la fraction qui servent de dividende, ainsi que de l'entier et de la fraction qui servent de diviseur, et on opère comme pour la division de deux fractions.

Soit $2 + \frac{3}{4}$ à diviser par $3 + \frac{4}{5}$; cela revient à $\frac{1}{4}$ à diviser par $\frac{19}{5}$; on trouve pour le quotient

$$\frac{11 \times 5}{4 \times 19} = \frac{55}{76}.$$

On remarquera que le quotient de la division par une fraction est toujours plus grand que le dividende ; cela résulte de la règle donnée pour trouver le quotient.

PROBLÈMES SUR LES FRACTIONS ET LES NOMBRES FRACTIONNAIRES.

1er. *Les $\frac{5}{7}$ d'un nombre valent 85 ; quel est ce nombre?* R. 119.

2e. *Quel est le nombre dont les $\frac{2}{3}$ et les $\frac{3}{4}$ valent 102?* R. 72.

3e. *Un nombre diminué de ses $\frac{5}{7}$ donne pour résultat 24, quel est-il?* R. 84.

4.

4e. *Un professeur interrogé sur le nombre des élèves de sa classe, répondit : S'il y en avait encore autant qu'il y en a plus la $\frac{1}{2}$ et le $\frac{1}{4}$ de ce qu'il y a et moi en sus, nous serions cent. Combien y a-t-il d'élèves ?* R. 36.

5e. *Un marchand a vendu les $\frac{5}{7}$ d'un coupon d'étoffe, il lui en reste encore le $\frac{1}{4}$ plus 3 mètres $\frac{1}{2}$. Combien le coupon contenait-il de mètres ?* R. 98.

6e. *Une compagnie revenant d'Afrique n'a plus que 47 hommes ; elle a perdu $\frac{1}{12}$ de son effectif par le feu de l'ennemi et par les maladies, $\frac{1}{8}$ se trouve disséminé dans les hôpitaux et les $\frac{2}{5}$ ont été congédiés. De combien d'hommes était-elle composée à son départ ?* R. 120.

La solution d'un seul de ces problèmes, indiquera suffisamment la marche à suivre pour résoudre les autres. Je résouds le second : les $\frac{2}{3}$ plus les $\frac{3}{4}$ d'une quantité forment les $\frac{17}{12}$ de cette quantité ; ainsi les $\frac{17}{12}$ du nombre cherché valent 102, $\frac{1}{12}$ de ce nombre vaudra 17 fois moins, c'est-à-dire, $\frac{102}{17}$ et les $\frac{12}{12}$ ou le nombre lui-même vaudra

12 fois plus que $\frac{102}{17}$, il est donc égal à $\frac{102}{17} \times 12$ $= 72$.

N. B. Si l'on trouve ces problèmes trop diffi-ciles, on pourra s'occuper de leur solution, après la 7e leçon qui apprend à les résoudre d'une ma-nière générale.

6me LEÇON.

43. On donne le nom de *fractions décimales* aux fractions ordinaires qui ont pour dénominateur l'unité suivie de un ou plusieurs zéros. Ainsi, $\frac{3}{10}$ $\frac{12}{100}$, $\frac{123}{1000}$, $\frac{12}{10000}$ sont des fractions décimales ; ce nom leur a été donné, parce que pour les évaluer, il faut concevoir l'*unité partagée en dix parties égales, chacune de ces parties en dix parties aussi égales*, et ainsi de suite : ces diverses parties ont été appelées *décimales*.

44. La convention adoptée (5) pour écrire les nombres entiers, va nous permettre d'écrire les fractions décimales sous une autre forme qui est celle sous laquelle on les considère ordinairement.

Soit la fraction $\frac{123}{1000}$; elle est évidemment égale à $\frac{100}{1000} + \frac{20}{1000} + \frac{3}{1000}$, ou, à $\frac{1}{10} + \frac{2}{100} + \frac{3}{1000}$; on voit ainsi qu'elle renferme 1 dixième, 2 centièmes et 3 millièmes ; si donc, on adopte un signe pour indiquer que le chiffre à gauche de ce signe représente des unités simples (ce signe est une virgule), on pourra écrire $\frac{123}{1000}$ sous la forme 0,123 ; car écrite de cette manière elle nous indique, 1° qu'elle n'a pas d'unités de premier ordre, 2° qu'elle contient une unité dix fois plus petite que les unités simples, c'est-à-dire, $\frac{1}{10}$, 3° qu'elle renferme 2 unités dix fois plus petites que les dixièmes, c'est-à-dire, $\frac{2}{100}$ et enfin 3 millièmes $\frac{3}{1000}$; par conséquent elle est bien équivalente à $\frac{123}{1000}$.

45. De là nous déduisons cette règle générale, *pour écrire une fraction ordinaire, dont le dénominateur est l'unité suivie de un ou plusieurs zéros, sous forme entière, il suffit d'écrire le numérateur seul et de séparer sur la droite autant de chiffres qu'il y a de zéros dans le dénominateur.* Par conséquent, $\frac{3}{10}$, $\frac{12}{100}$, $\frac{123}{1000}$, $\frac{12}{10000}$ sont équivalentes à 0,3 ; 0,12 ; 0,123 ; 0,0012.

Réciproquement, une fraction décimale de la forme 0,435 est équivalente à une fraction ordinaire qui a pour numérateur le nombre résultant de la suppression de la virgule, et pour dénominateur l'unité suivie d'autant de zéros qu'il y a de chiffres décimaux. Ainsi, $0,435 = \frac{435}{1000}$; en effet, 0,435 renferme $\frac{4}{10} + \frac{3}{100} + \frac{5}{1000}$, ou, en réduisant au même dénominateur $\frac{400}{1000} + \frac{30}{1000} + \frac{5}{1000}$, ou, $\frac{435}{10000}$, ce qui démontre la proposition.

46. Principes. 1er. *On ne change pas une fraction décimale en mettant autant de zéros que l'on*

veut sur sa droite; je dis que 0,005 est la même
chose que 0,050 et 0,0500 etc. ; en effet, on prend
10, 100, etc., fois plus de parties, mais elles sont
10, 100, etc., fois plus petites, donc la fraction
n'a pas changé. On pourrait le démontrer encore,
en mettant les fractions 0,05, 0,050 et 0,0500,
etc., sous la forme de fractions ordinaires.

2me. *Si on avance la virgule de un, deux, etc.,
rangs vers la droite ou vers la gauche, on rend la
fraction 10, 100, etc., fois plus grande ou plus
petite;* ce principe est évident.

<table><tr><td>ADDITION ET SOUS-
TRACTION.</td><td>L'addition et la soustraction se font absolument
comme celles des nombres entiers, il est inutile
d'en donner des exemples.</td></tr></table>

MULTIPLICATION.

47. *La multiplication se fait en multipliant
l'un par l'autre les deux nombres provenant de
la suppressisn de la virgule dans les deux facteurs
et en séparant, sur la droite de ce produit, autant de chiffres qu'il y a de décimales dans les
deux fractions proposées;* on peut donner deux
démonstrations de cette règle.

Première démonstration. Soit 0,23 à multiplier par 0,8 :

$$
\begin{array}{r}
0,\ 23 \\
0,\ 8 \\
\hline
0,\ 184
\end{array}
$$

En supprimant la virgule dans le multiplicande
0,23, on rend ce facteur 100 fois plus grand et par
suite (20) le produit cherché cent fois trop fort;
la suppression de la virgule dans le multiplicateur
0,8 rend, par la même raison, le dernier pro-

duit 10 fois trop fort ; le produit 184 de 23 par 8 est donc 100×10, ou 1000 fois plus grand que le véritable produit ; pour le rendre à sa juste valeur, il suffit de diviser 184 par 1000, ce qui se fait en séparant trois décimales sur la droite ; ainsi, 0,184 est le produit cherché. La règle énoncée est donc démontrée.

Deuxième démonstration. On met les deux fractions proposées sous la forme de fractions ordinaires et l'on a $\frac{23}{100}$ à multiplier par $\frac{8}{10}$ dont le produit est $\frac{184}{1000}$ ou 0,184.

DIVISION.

48. Il peut se présenter deux cas dans la division de deux fractions décimales l'une par l'autre : *ou elles ont le même nombre de chiffres décimaux, ou elles ne l'ont pas.* Le second cas pouvant facilement se ramener au premier en mettant un nombre convenable de zéros à la droite de la fraction qui a le moins de décimales, (ce qui n'en change pas la valeur) ; il suffit de donner la règle dans le premier cas : *elle consiste à diviser l'un par l'autre, les deux nombres entiers qui résultent de la suppression de la virgule ; il est manifeste que leur quotient sera le même que celui des fractions décimales, puisqu'on a rendu le dividende et le diviseur le même nombre de fois plus grands.*

Soit 0,23 à diviser par 0,012 et 1,28 par 0,4532 ; cela revient à 0,230 par 0,012 et 1,2800 par 0,4532, ou, à 230 par 12 et 12800 par 4532.

49. *Réduire une fraction ordinaire en fraction décimale, c'est chercher combien la fraction proposée renferme de dixièmes, de centièmes, etc.*

Soit $\frac{7}{11}$ à réduire en décimales ; on dit, un entier valant 10 dixièmes, 7 entiers vaudront 7 fois 10 ou 70 dixièmes ; par conséquent, pour obtenir les dixièmes il faut diviser 70 par 11 ; on trouve 6 pour quotient et 4 pour reste ; ainsi $\frac{7}{11}$ renferme 6 dixièmes plus 0,4 de onzièmes ; pour avoir les centièmes contenues dans $\frac{0,4}{11}$, on fait un raisonnement analogue au précédent et l'on dit, 1 dixième valant 10 centièmes, 4 dixièmes en vaudront 40 ; divisant 40 par 11 on a pour quotient 3 qui indique le nombre de centièmes contenus dans $\frac{4}{11}$ de dixièmes, et ainsi de suite.

50. De ce qui précède on peut déduire la règle suivante pour réduire une fraction ordinaire en fraction décimale : *on divise le numérateur par le dénominateur ; comme celui-ci n'y est pas contenu, on met un zéro au quotient, pour tenir la place des unités, puis on pose un zéro à la droite du numérateur et on divise par le dénominateur, le quotient exprime le chiffre des dixièmes ; on multiplie le dividende par le chiffre des dixièmes et on retranche ce produit du dividende ; à la droite du reste on place un zéro , et le quotient de ce nouveau dividende partiel donne le chiffre des centièmes ; on voit ce qu'il y aurait à faire pour ob-*

tenir les millièmes, *etc.*, on dispose ainsi l'opération,

$$\begin{array}{c|l} 70 & 11 \\ 40 & \\ \cline{2-2} 70 & 0{,}636363 \\ 40 & \end{array}$$

51. En réduisant plusieurs fractions ordinaires en fractions décimales, on a remarqué que l'on arrivait à trois espèces de quotient :

1°. *A un quotient composé d'un nombre limité de chiffres décimaux.*

2°. *A un quotient composé d'un nombre illimité de chiffres qui se répètent dans un certain ordre, à partir de celui des dixièmes* (on l'a appelé quotient périodique simple.)

3°. *A un quotient composé d'un nombre illimité de chiffres, mais tel qu'il existe un ou plusieurs chiffres décimaux avant ceux qui se répètent* (ce quotient a été appelé périodique mixte.)

Exemples de fractions qui donnent lieu à ces trois espèces de quotient :

$$\frac{11}{40}, \; \frac{7}{11}, \; \frac{7}{22}.$$

$$\frac{11}{40} = 275 \; ; \; \frac{7}{11} = 0{,}63636363.. \; ; \; \frac{7}{22} = 0{,}3181818.$$

N. B. Nous pourrions apprendre à revenir de ces trois espèces de quotient aux fractions ordinaires qui leur sont égales et que l'on appelle génératrices, puis démontrer quelles sont les fractions qui donnent lieu à l'une ou à l'autre de ces trois espèces de quotient : cette théorie étant plus curieuse qu'utile, nous la passerons sous silence.

7me LEÇON.

Sommaire. — **Système des nouvelles mesures. — Applications des règles que nous connaissons à la solution des problèmes.**

Des nouvelles mesures.

INTRODUCTION.

52. Le système des anciennes mesures offrait deux graves inconvéniens : d'abord chaque unité principale se multipliait et se subdivisait d'une manière différente (ce qui surchargeait la mémoire); ensuite les calculs ne laissaient pas d'être, sinon difficiles, du moins très longs.

Le système nouveau au contraire ne présente qu'un petit nombre de mots et les calculs y relatifs se distinguent par leur simplicité, parce qu'ils sont basés sur ceux des nombres décimaux. Nous n'avons pas appris et nous n'apprendrons pas à connaître les anciennes mesures, comme étant peu ou point en usage.

MESURE LINÉAIRE OU DE LONGUEUR.

53. L'unité de longuenr de laquelle dérivent toutes les autres a été appelé *mètre ;* c'est la dix millionième partie de la distance du pôle à l'équateur, comptée sur le méridien de Paris.

Pour composer des mesures plus grandes ou plus petites que le mètre, on fait précéder le nom de cette unité des mots : *myria, kilo, hecto, déca, déci, centi, milli* qui signifient *dix-mille, mille, cent, dix; dixième, centième, millième.*

Ainsi, un *kilomètre* vaut mille mètres; un *décimètre* vaut la dixième partie du mètre.

Le *myriamètre* et le *kilomètre* sont les mesures itinéraires actuellement en usage pour exprimer la distance qui sépare une ville d'une autre.

MESURE DE SUPERFI- CIE.

54. L'unité de surface s'appelle *are*; c'est un carré qui a dix mètres de côté, et dont la surface, par conséquent, contient 100 mètres carrés : les multiples et sous-multiples de l'are se forment à l'aide des mots précédents ; ainsi on dit, *myriare, kilare, hectare, déciare, centiare....* etc.

MESURE DE VOLUME.

55. On donne le nom de *mètre cube* à l'unité de volume ; c'est un cube qui a un mètre de côté ; on l'appelle *stère* lorsqu'il sert à mesurer le bois de chauffage. Les mesures usitées sont le *décastère*, le *stère* et le *décistère*.

MESURE DE CAPACITÉ POUR LES LIQUIDES ET POUR LES GRAINS.

56. L'unité de capacité est le *litre*; il équivaut à un décimètre cube (cube de un décimètre de côté) ; les mesures usitées sont l'*hectolitre*, le *décalitre*, le *litre*, le *décilitre* et le *centilitre*.

MESURE DE POIDS.

57. La nouvelle unité de poids se nomme *gramme*; elle équivaut au poids d'un centimètre cube d'eau distillée et ramenée à son maximum de densité ; pour exprimer les multiples et les sous-multiples de cette unité, on se sert des mots connus *myria....* etc. , et l'on dit *myriagramme, kilogramme*, etc. ; *décigramme,* etc.

UNITÉ MONÉTAIRE.

58. La nouvelle unité de monnaie est le *franc;* le franc est une pièce d'alliage pesant 5 grammes;

il contient les $\frac{9}{10}$ de son poids d'argent pur et $\frac{1}{10}$ de cuivre. Le dixième du franc a été appelé *décime* et le centième *centime*. Les multiples n'ont pas reçu de dénomination.

Les calculs sur les nouvelles mesures se faisant de la même manière que ceux relatifs aux nombres décimaux, nous ne nous y arrêterons pas.

APPLICATIONS DES RÈGLES QUE NOUS CONNAISSONS

A LA SOLUTION DES PROBLÈMES.

59. On donne le nom de *problème* à toute question qui a pour but de déterminer une quantité inconnue, d'après la connaissance d'autres quantités qu'on appelle *données* et qui ont avec la première des relations indiquées par l'énoncé.

La méthode que nous emploierons pour résoudre les problèmes est connue en arithmétique sous le nom de *méthode de réduction à l'unité*, parce qu'en effet elle consiste à ramener le problème à l'unité de toutes les quantités qui entrent dans la question, à l'exception de celle qui correspond à l'inconnu : plusieurs exemples sont nécessaires pour la faire bien concevoir.

PREMIER PROBLÈME.

60. *Une brigade composée de 10 ouvriers a enlevé 400 mètres cubes de terre en 15 jours, combien une seconde brigade composée de 12 ouvriers devra-t-elle en enlever dans 8 jours.*

Solution. On dispose les données du problème sur deux lignes, comme ci-après, de manière que toutes les quantités de la ligne supérieure soient connues et que celle de la ligne inférieure, dont une seule est inconnue, soient écrites au-dessous de la quantité supérieure représentant des unités de même espèce qu'elle.

$$10^{\text{ouv}}.\,.\;15^{\text{jours}}\;400^{\text{m. c}}$$
$$12.\;.\;.\;.\quad 8.\;.\;.\;x$$

$$\text{\textit{Type de l'opérat.}}\begin{cases} 1^{\text{ouv}},\;.\;.\;.\quad 1^{\text{j}}.\;.\;.\;\dfrac{400^{\text{m c}}}{10\times15} \\[3em] 12.\;.\;.\;.\quad 8.\;.\;.\;\dfrac{400^{\text{m c}}\times12\times8}{10\times15} \end{cases}$$

Maintenant on tache de ramener le problème à l'unité d'ouvrier et à l'unité de jour, c'est-à-dire que l'on cherche à déterminer la quantité de mètres cubes qu'enlèverait un seul ouvrier travaillant pendant un seul jour, parcequ'alors il sera facile de trouver ce qu'auront enlevé les 12 ouvriers en 8 jours : pour cela, on part du nombre correspondant à l'inconnu, c'est ici $400^{\text{m c}}$, et l'on dit : $400^{\text{m c}}$ ont été enlevés par 10 ouvriers, un seul en enlèvera dix fois moins, c'est-à-dire, $\dfrac{400^{\text{m c}}}{10}$ en 15 jours ; s'il ne travaillait qu'un jour au lieu de 15, il en enlèverait encore 15 fois moins que $\dfrac{400^{\text{m t}}}{10}$, ce qui donne $\dfrac{400^{\text{m c}}}{10\times15}$ pour l'ouvrage fait par un ouvrier en un seul jour : la question exigeant que les ouvriers soient au nombre de 12, le travail fait sera , pour cette raison , 12 fois plus grand que $\frac{400^{mc}}{10\times15}$; c'est-à-dire , $\frac{400^{mc}\times 12}{10\times 15}$; le nombre de jours étant 8 au lieu de 1 , l'ouvrage fait sera encore pour ce motif 8 fois plus fort que $\frac{400^{mc}\times 12}{10\times 15}$, ce sera donc $\frac{400^{mc}\times 12\times 8}{10\times 15}$; ainsi $x = \frac{400^{mc}\times 12\times 8}{10\times 15}$: effectuant les calculs , ou mieux effaçant les facteurs communs au numérateur et au dénominateur , on trouve $x = 256$ mètres cubes.

1re *Remarque*. Je me suis étendu longuement sur ce premier problème afin de bien faire connaître la manière dont on doit s'y prendre pour résoudre les problèmes, de cette espèce; dorénavant je ne ferai qu'indiquer succinctement la solution.

2me *Remarque*. Ce problème renfermant six quantités dans son énoncé, on peut avec les mêmes nombres résoudre six problèmes, en regardant successivement comme inconnue chacune de ces six quantités; je vais résoudre celui où le nombre de jours est inconnu, en voici l'énoncé :

DEUXIÈME PROBLÈME.

61. *Une brigade composée de 10 ouvriers a enlevé 400 mètres cubes dans 15 jours, combien une seconde brigade, composée de 12 ouvriers, mettra-t-elle de jours pour en enlever 256. Les données du problème s'écrivent ainsi :*

$$10 \text{ ouv.} \quad . \quad 400 \text{ m. c.} \quad . \quad . \quad 15 \text{ j.}$$
$$12 \quad . \quad . \quad . \quad 256 \quad . \quad . \quad x$$

Solution. 10 ou. ont enlevé 400 m. c. dans 15 j.

1 pour enlever 400 id. mettra $15\,\text{j.}\times 10$

1 id. 1 id. id. $\dfrac{15\,\text{j.}\times 10}{400}$

12 id. 1 id. mettront $\dfrac{15\,\text{j.}\times 10}{400\times 12}$

12 id. 256 id. id. $\dfrac{15\,\text{j.}\times 10\times 256}{400\times 12}$

Simplifiant cette fraction, on trouve x $= 8\,\text{j.}$

TROISIÈME PROBLÈME.

62. *400 soldats renfermés dans un fort ont des vivres pour 6 mois à raison de 75 décagrammes par homme ; cette garnison augmente de 100 soldats et elle ne recevra pas de vivres avant 8 mois; on demande qu'elle sera la ration d'un homme pour que les vivres actuels puissent suffire.*

400 sold. . 6 mois. . 75 déca.
500 . . 8 . . x

Solution. 400 s. ont des viv. p. 6 mois à raison de 75 déca par homme.

1 aurait de v. pour 6 id. $75^\text{d.}\times 400$

1 id. 1 id. $75^\text{d.}\times 400\times 6$

500 auront des v. p. 1 id. $\dfrac{75^\text{d.}\times 400\times 6}{500}$

enfin 500 id. 8 id. $\dfrac{75^\text{d.}\times 400\times 6}{500\times 8}$

Simplifiant, on trouve x $= 45$ décagrammes.

QUATRIÈME PROBLÈME.

Le maître tailleur d'un régiment a habillé

54^h *avec un coupon de draps de* 120^m *sur* $\frac{3}{4}$ *de large, combien lui faudrait-il de mètres de drap pour en habiller* 80, *si le drap avait* $\frac{5}{6}$ *de large?*

$$54^h. \ldots \ldots 120^m \ldots \ldots \frac{3}{4}$$

$$80. \ldots \ldots \ x \ \ldots \ldots \frac{5}{6}$$

Solution. 54^h· ont été habil. avec 120^m de drap à $\frac{3}{4}$ de large.

1 serait habillé avec $\dfrac{120^m}{54}$ à $\frac{3}{4}$ de large.

1 id. $\dfrac{120^m \times 3}{54}$ à $\frac{1}{4}$ de large.

1 id. $\dfrac{120^m \times 3}{54 \times 4}$ à $\frac{4}{4}$ ou 1^m de large

80^h· seront $\dfrac{120^m \times 3 \times 80}{54 \times 4}$ à 1^m de large.

80 id. $\dfrac{120^m \times 3 \times 80 \times 6}{54 \times 4}$ à $\frac{1}{6}$ de large.

enfin 80^h seront hab. avec $\dfrac{120^m \times 3 \times 80 \times 6}{54 \times 4 \times 5}$ à $\frac{5}{6}$ de large.

Simplifiant, on trouve x = 160^m

CINQUIÈME PROBLÈME.

63. *Deux courriers partent en même temps l'un d'Arras et l'autre de Paris pour se rendre à Bordeaux en suivant la même route; celui d'Arras parcourt* 55 *kilomètres en* 4 *heures et celui de Paris* 28 *k. en* 3 *h. On demande* 1°. *combien ils auront marché d'heures lorsqu'ils se rencontreront?* 2°. *Combien ils auront l'un et l'autre parcouru de kilomètres depuis leur point de*

départ? (La distance d'Arras à Paris est supposé de 172 kilom.)

Solution. Le courrier qui part d'Arras fait 55 kilom. en 5 heures, en une heure il en fera 4 fois moins, c'est-à-dire $\frac{55^k}{4}$; on trouverait de même que celui de Paris fait $\frac{38}{3}$ de kilomètres en une heure ; par conséquent en une heure le premier se sera rapproché du second de $\frac{55^k}{4}$ moins $\frac{28^k}{3}$, ou, $\frac{53^k}{12}$; mais pour l'atteindre il doit s'en rapprocher de 172 kilom. : si donc on cherche combien de fois 172 contient $\frac{53}{12}$, on connaîtra le nombre d'heures qu'il aura mis à atteindre le courrier de Paris.

172 divisé par $\frac{53}{12}$ donne $\frac{172 \times 12}{53} = \frac{2064}{53} = 38^h \frac{50}{53}$; ainsi ils auront marché environ 39^h au moment où ils se rencontreront. Multipliant $\frac{55^k}{4}$ par $\frac{2064}{53}$, on trouve $535^k,472$ à un mètre près pour le chemin parcouru par le courrier d'Arras ; $\frac{28^k}{3}$ multiplié par $\frac{2064}{53}$ donnera $363^k,472$ pour le chemin parcouru par le second.

On vérifiera le problème, en s'assurant si la différence des deux chemins parcourus est égale à 172 kilomètres.

SIXIÈME PROBLÈME.

64. Un bassin est alimenté par deux robinets, le premier pourrait le remplir 3 fois en 2 heures et le second 4 fois en 5 heures ; on demande combien il faudrait de temps pour remplir le bassin, si l'eau coulait par les deux robinets à la fois.

Solution. En 2 h. le 1er rob. remplit 3 f. le bassin.

en 1 h. il le remplira 2 fois moins, c'est-à-dire $\dfrac{3 \text{ f.}}{2}$.

On trouvera de la même manière que le second met une heure à remplir les $\dfrac{4}{5}$ du bassin : si donc l'eau coulait en même temps par les deux robinets, les $\dfrac{4}{5}$ plus les $\dfrac{3}{2}$ du bassin se trouveraient remplis en une heure ; ajoutant ces deux fractions, on trouve $\dfrac{23}{10}$: ainsi les $\dfrac{23}{10}$ du bassin sont remplis en une heure, $\dfrac{1}{10}$ le sera en 23 fois moins d'heures ou $\dfrac{1}{23}$ h. et les $\dfrac{10}{10}$, ou le bassin tout entier, en dix fois plus d'heures, c'est-à-dire $\dfrac{1}{23}$ h. $\times$ 10 ou $\dfrac{10}{23}$ h. : réduisant en minutes, on trouve 26, à peu de chose près.

ÉNONCÉS DE PROBLÈMES ANALOGUES AUX PRÉCÉDENTS.

1er. Deux fontaines coulent dans le même bassin, la première pourrait le remplir 2 fois en 5 heures et la seconde 3 fois en 8 heures, on suppose que l'eau puisse s'écouler en même temps par une ouverture capable de le vider *4 fois en 9 heures : combien faudra-t-il de temps pour le remplir une fois, l'eau coulant à la fois par les trois ouvertures ?* R. 3 h. 1ᵐ 31 secondes.

2ᵐᵉ *Le fossé d'une place forte est alimenté par quatre écluses : la 1ʳᵉ peut le remplir 5 fois en 12 heures ; la seconde 7 fois en 15 heures ; la troisième 4 fois en 9 heures et la quatrième 3 fois en 8 heures : combien faudrait-il de temps pour remplir une fois le fossé, si l'eau s'échappait par les trois écluses en même temps ?* R. 35 minutes 14 secondes.

RÈGLES D'INTÉRÈT.

65. *Définition.* On appelle *intérêt* le bénéfice que fait sur son argent celui qui le prête ; la somme prêtée se nomme *capital :* on nomme généralement *taux,* l'intérêt que rapportent 100 francs au bout d'un an ; ainsi, lorsque 100 francs rapportent 6 francs d'intérêt par an, on dit que le taux de l'argent est à 6 pour cent par an.

SEPTIÈME PROBLÈME.

66. *Déterminer l'intérêt de 1800 fr. au bout de 3 ans, à raison de 6 pour 100 par an. (6 pour 100 s'écrit ainsi, 6 ⁰/₀.)*

Solution. On commence par disposer les données du problème d'une manière analogue à celle des problèmes ci-dessus ; on écrit donc

    100 fr. dans 1 an   rapportent 6 fr.
Combien 1800   id   3   rapporteront-ils ?

Maintenant on dit : 100 fr. au bout de 1 an rapportent 6 fr.

$$1 \quad \text{id.} \quad 1 \quad \text{rapportera} \quad \frac{6}{100}$$

$$1800 \quad \text{id.} \quad 1 \quad \text{rapporteront} \quad \frac{6 \times 1800}{100}$$

$$\text{et } 1800 \quad \text{id.} \quad 3 \quad \text{id.} \quad \frac{6 \times 1800 \times 3}{100} \, ;$$

ainsi $x = \dfrac{6 \times 1800 \times 3}{100} = 324$ fr.

On en déduit la règle suivante pour trouver l'intérêt simple d'un capital au bout d'un certain temps : *on multiplie le taux de l'intérêt par le nombre d'années, puis par le capital et on divise le produit par* 100.

Réunissant les 324 fr. d'intérêt au capital 1800, on trouve 2124 fr. qui représentent ce qu'est devenu le capital primitif.

Si l'on voulait trouver directement ce que devient le capital 1800 *fr. au bout de* 3 *ans, sans passer par les intérêts ;* on raisonnerait de la manière suivante :

$$100 \text{ fr. au bout de } 1 \text{ an rapportent } 6 \text{ fr.}$$

$$100 \quad \text{id.} \quad 3 \quad \text{id.} \quad 6 \times 3 \text{ ou } 18 \text{ fr.}$$

$$100 \quad \text{id.} \quad 3 \quad \text{deviennent donc } 100 + 18 \text{ ou } 118 \text{ f.}$$

$$1 \quad \text{id.} \quad 3 \quad \text{devient} \quad \frac{118}{100}$$

$$\text{et } 1800 \quad \text{id.} \quad 3 \quad \text{deviennent } \frac{118 \times 1800}{100} = 2124 \text{ f.}$$

De là on tire cette règle propre à trouver ce qu'est devenu un capital au bout d'un certain temps : *on cherche la valeur de* 1 *fr. au bout du temps voulu et l'on multiplie cette valeur par le capital.*

67. S'il y avait des mois joints aux années, on

réduirait les années en mois et l'on agirait comme ci-dessus.

HUITIÈME PROBLÈME.

On demande l'intérêt de 1800 francs au bout de 3 ans et 4 mois, ou 40 mois, à raison de 6 °/₀ par an.

Solution. 100 ^fr, au bout d'un an ou 12 ^m. rapportent 6 fr.

$$100 \quad \text{id.} \quad 1 \quad \text{id.} \quad \frac{6}{12}$$

$$1 \quad \text{id.} \quad 1 \quad \text{rapporte} \quad \frac{6}{12 \times 100}$$

$$1800 \quad \text{id.} \quad 1 \quad \text{rapportent} \quad \frac{6 \times 1800}{12 \times 100}$$

$$\text{et } 1800 \quad \text{id.} \quad 40 \quad \text{id.} \quad \frac{6 \times 1800 \times 40}{12 \times 100}$$

Faisant le calcul, on trouve 360 francs pour l'intérêt demandé ; ajoutant cet intérêt à 1800 francs, on obtient 2160 francs qui représentent ce qu'est devenu le capital primitif.

68. *Remarque.* Le problème précédent renfermant quatre quantités principales, savoir : le *capital primitif*, le *nombre d'années*, le *taux de l'intérêt* et *ce qu'est devenu le capital ;* il s'en suit qu'on peut se proposer quatre problèmes différens, en regardant successivement comme inconnue chacune de ces quatre quantités. Nous avons déjà résolu celui où l'on cherche ce qu'est devenu le capital primitif ; nous allons apprendre à résoudre les trois autres.

NEUVIÈME PROBLÈME.

CAS OU LE TAUX EST INCONNU.

69. *A quel taux d'intérêt doit-on placer le ca-*

pital 1800 *francs, pour qu'il devienne* 2124 *francs au bout de* 3 *ans.*

Solution. Si de 2124 francs on retranche 1800 francs, le reste 324 francs indiquera l'intérêt de 1800 francs au bout de 3 ans et on pourra dire :

1800 fr. au bout de 3 ans ont rapporté 324 fr.

combien 100 id. 1 rapporteront-ils x

$$1 \text{ fr. au bout de } 3 \text{ ans rapportera } \frac{324 \text{ fr.}}{1800}$$

$$1 \quad \text{id.} \quad 1 \quad \text{id.} \quad \frac{324}{1800 \times 3}$$

$$\text{donc } 100 \quad \text{id.} \quad 1 \quad \text{rapporteront} \quad \frac{324 \times 100}{1800 \times 3}$$

Faisant le calcul on trouve 6 pour le taux de l'intérêt.

DIXIÈME PROBLÈME.

CAS OU LE NOMBRE D'ANNÉES EST INCONNU.

70. *Pendant combien d'années doit-on placer le capital* 1800 *francs pour qu'il devienne* 2124 *francs, le taux étant* 6 °/₀ *par an.*

Solution. La différence 324 francs entre 2124 francs et 1800 francs représente évidemment l'intérêt de 1800 francs au bout du temps cherché; par conséquent 324 francs se compose de l'intérêt de 1800 francs au bout d'un an, multiplié par le nombre d'années : or l'intérêt de 1800 pendant un an à 6 °/₀ est 108 francs; si donc on divise 324 par cet intérêt, on aura pour quotient 3 qui représentera le nombre d'années demandé.

ONZIÈME PROBLÈME.

CAS OU LE CAPITAL PRIMITIF EST INCONNU.

71. *Déterminer le capital qui, placé à* 6 °/₀ *pendant* 3 *ans est devenu* 2124 *fr.*

Solution. D'après ce qui précède, on voit de suite que 100 fr. deviennent 118 au bout de 3 ans ; par conséquent

118 fr. représentent ce qu'est devenu le capital **100 fr.**

par suite **1** représente ce qu'est devenu le capital $\dfrac{100 \text{ fr.}}{118}$

et **2124** représentent ce qu'est devenu le capital $\dfrac{100 \text{ fr.} \times 2124}{118}$

faisant le calcul, on trouve 1800 fr. pour le capital primitif.

72. *Remarque.* Le problème que l'on vient de résoudre est le même, au fond, que celui qui est connu dans le commerce sous le nom de règle d'escompte ; et en effet on peut l'énoncer ainsi ,

Un billet de 2124 fr. est payable dans 3 ans: l'intérêt est à 6 %; on demande sa valeur actuelle.

Raisonnant comme ci-dessus, on trouvera qu'il vaut actuellement 1800 fr. ; la différence 324 entre la valeur du billet à son échéance et sa valeur actuelle prend le nom d'*escompte.*

On pourrait déterminer cet escompte directement en raisonnant de cette manière :

Nous savons que 100 fr. deviennent au bout de 3 ans et à 6 % 118 fr. , par conséquent on peut dire, un billet de 118 fr.

a pour escompte 18 fr. au bout de 3 ans.

1 fr. a pour escompte $\dfrac{18 \text{ fr.}}{118}$ id. id.

et 2124 ont pour esc. $\dfrac{18 \text{ fr.} \times 2124}{118}$ id.

faisant le calcul, on trouve 324^{f} pour l'escompte demandé.

73. *N. B.* On distingue deux sortes d'escomp-

te dans le commerce, *l'escompte en dedans* (qui est celui que nous venons d'apprendre à connaître) et *l'escompte en dehors*.

L'escompte en dedans, comme nous venons de le voir, est une *retenue* qui représente l'intérêt que produirait une somme égale à la valeur actuelle du billet et placée pendant le temps voulu; *l'escompte en dehors* au contraire, s'estime à tant pour cent sur la valeur du billet lors de l'échéance, de sorte que cet escompte se compose de l'escompte en dedans plus l'intérêt de ce dernier escompte pendant le temps énoncé.

On pourrait donc trouver l'escompte en dehors par le moyen de l'escompte en dedans, mais sa recherche étant plus simple que celle de celui-ci, il vaut mieux apprendre à le trouver directement ; il est d'ailleurs facile de voir que cela revient à calculer l'intérêt que produirait la valeur énoncée dans le billet pendant le temps voulu.

DOUXIÈME PROBLÈME.

74. *On demande quel serait l'escompte en dehors d'un billet de 2124 fr. payable dans 3 ans, l'intérêt étant à 6 °/₀.*

Solution. 100 fr. au bout d'un an perdent, ou mieux, ont pour escompte en dehors, 6 fr. ; 100 francs au bout de 3 ans ont donc pour escompte 6×3 ; par suite 1 fr. a pour escompte $\dfrac{6 \times 3}{100}$; par conséquent 2124 fr. au bout de 3 ans auront pour escompte $\dfrac{6^{fr.} \times 3 \times 2124}{100} = 402^{fr.},32.$

75. *Remarque.* De la solution des problèmes 9 et 10, on déduit les règles suivantes :

Pour trouver l'escompte en dedans, il faut multiplier le taux de l'intérêt par le nombre d'années, puis encore par la valeur énoncée dans le billet et diviser le produit total par la valeur de 100 fr. au bout du même temps.

Pour obtenir l'escompte en dehors, il faut multiplier le taux de l'intérêt par le nombre d'années, puis encore par la valeur énoncée dans le billet et diviser ce produit par 100.

Exemples de règles d'intérêt et d'escompte.

1. *On demande l'intérêt de 538 fr. au bout de 3 ans et 5 mois à 6 $_0$%. R. 110^f,29.*

2. *On demande l'escompte en dedans d'un billet de 500 fr. payable dans 3 ans, le taux est 6 %. R. 76^f,27.*

3. *Trouver l'escompte en dehors d'un billet de 400 fr. payable dans 2 ans et 8 mois, le taux est 5 %. R. 53^f,33.*

4. *Déterminer l'escompte en dedans d'un billet de 600 fr. payable dans 2 ans et 9 mois, le taux est 5 %. R. 72^f,53.*

5. *A quel taux faudrait-il placer le capital 840 fr. pour retirer 1200 fr. au bout de 2 ans et 5 mois. R. 17^f,73 %.*

6. *Pendant combien de temps faudrait-il placer le capital 530 fr. pour retirer 800 fr., le taux étant à 6 %. R. 8 ans 6 mois.*

7. *Un marchand de chevaux a acheté un cheval 500 fr. ; ce cheval lui a coûté 1 fr. 50 c. par jour pour sa nourriture ; il veut le vendre au bout*

d'un mois ; combien doit-il le vendre pour gagner net 15 pour cent sur le prix d'achat. R. 620 fr.

DES RÈGLES DITES DE MÉLANGE ET D'ALLIAGE.

76. Dans ces sortes de questions, l'on se propose deux buts : *On veut trouver la valeur moyenne de plusieurs espèces de choses, connaissant le nombre et la valeur particulière de chaque espèce, ou bien, on veut déterminer les quantités de chaque sorte de choses qui doivent entrer dans un mélange ou un alliage, connaissant déjà le prix ou la valeur de chaque espèce et le prix ou la valeur totale du mélange?*

Les questions qui se rattachent au premier cas sont bien simples et il suffira d'en donner un ou deux exemples sans solution.

1er. *Un entrepreneur a employé 15 ouvriers à 3 fr. par jour ; 20 à 2 fr. 50 ; 25 à 2 fr. 60 ; et 30 à 2 fr. ; on demande le prix moyen d'une journée de travail.* R. $2^{\text{F}},44$ à $\frac{1}{2}$ centime près.

2e. *Un marchand de vin a mêlé ensemble plusieurs espèces de vin : 40 litres à 0 fr. 75, 60 litres à 0 fr. 90, 50 à 1 fr. et 30 à 0 fr. 95 ; on demande le prix d'un litre de mélange.* R. $0^{\text{F}},9377$.

Les questions qui se rattachent au second but sont du ressort de l'algèbre, cependant j'en résoudrai ici quelques-unes : la méthode que l'on emploie est connue sous le nom de méthode de *fausse position*, parce qu'en effet on part d'un nombre qui n'est pas le véritable.

PROBLÈME.

77. *Un marchand a deux espèces de vin, la première coûte 2 fr. 50 le litre et la seconde 1 fr. 25 ; il veut faire un mélange de 100 litres qui reviennent 1 fr.,80 le litre : on demande combien il doit prendre de litres de chaque espèce.*

Solution. Je suppose que l'on prenne les 100 litres au prix de la première espèce, ils coûteraient 2 fr. 50 multiplié par 100 ou 250 fr. ; mais le prix total du mélange doit être 1 fr. 80 multiplié par 100, c'est-à-dire 180 fr. ; il y a donc erreur à prendre les 100 litres au prix de la première espèce, cette erreur est de 250 fr. —180 fr. = 70 fr : remplaçons un des cent litres à 2 fr. 50 par un litre à 1 fr. 25, l'erreur diminuera évidemment de 1 fr. 25, différence entre 2 fr. 50 et 1 fr. 25, prix du litre des deux espèces ; cherchons maintenant combien de fois cette différence 1 fr. 25 est contenue dans les 70 fr. d'erreur, on trouve 56 pour quotient ; ce nombre 56 indique que l'on doit remplacer 56 litres à 2 fr. 50 par 56 litres à 1 fr. 25 ; par conséquent le problème sera résolu, en mélangeant 44 litres à 2 fr. 50 avec 56 à 1 fr. 25 : en effet, les 44 litres à 2 fr. 50 coûtent 110 fr. et les 56 à 1 fr. 25 reviennent à 70 fr. ; les 100 litres du mélange coûtent donc 110 fr. + 70 fr. ou 180 fr. ce qui met bien le prix d'un litre du mélange à 1 fr. 80 comme l'exige le problème.

78. Les problèmes suivans se résolvant par la méthode précédente, je ne ferai que les énoncer sans les résoudre.

1ᵉʳ. *Un orfèvre a deux lingots d'argent, le premier est au titre de 0, 90, c'est-à-dire que sur cent grammes il contient 90 grammes d'argent et 10 grammes de cuivre. le second est au titre de 0, 95 ; on demande combien il doit prendre de grammes du premier et du second, pour former un troisième lingot du poids de 10 grammes et au titre de 0,92. R. 6ᵍʳ. et 4ᵍʳ.*

2ᵉ. *Un marchand achète 180 litres de vin à raison de 3 fr. le litre, combien doit-il y ajouter de litres d'eau pour que le prix d'un litre de mélange soit de 2 fr. 50. R. 36 litres d'eau.*

3ᵐᵉ. *Un particulier engage un ouvrier pour 40 jours, il est convenu de lui donner 2ᶠ,50 chaque jour qu'il travaillerait et de lui retenir 1 fr. chaque jour d'oisiveté ; au bout de 40 jours l'ouvrier a reçu 65 fr. pour son décompte ; on demande combien il a travaillé de jours ? R. 30 j.*

ÉNONCÉS DE PROBLÈMES DE DIFFÉRENS GENRES.

79. 1ᵉʳ. *Combien faut-il de toile à $\frac{5}{9}$ de large pour doubler 80ᵐ de drap à $\frac{3}{4}$ de large. R. 108ᵐ.*

2ᵉ. *Un marchand de poulets vend à un particulier la moitié de ses poulets plus $\frac{1}{2}$, à un second la moitié de ce qui lui reste plus $\frac{1}{2}$, à un troisième la moitié encore de ce qui lui reste plus $\frac{1}{2}$, enfin à un quatrième la moitié de ce qui* reste plus $\frac{1}{2}$, il se trouve alors avoir tout vendu. Combien avait-il de poulets? R. 15.

3me. Trois joueurs font trois parties et ils conviennent que celui qui perdra doublera l'argent des deux autres, chacun deux perd à son tour et après la troisième partie, ils se retirent avec 120 francs chaque; combien avaient-ils d'argent en entrant au jeu? R. 195^F, 105^F et 60.

4me Un père et son fils ont 82 ans à eux deux, la père a 36 ans de plus que le fils; on demande l'âge de l'un et de l'autre? R. 59 ans et 23.

5me Un propriétaire a deux espèces de vin : la 1re coûte 90 centimes le litre et la seconde 35 centimes; il désire faire un mélange de 280 litres à 60 centimes le litre. Combien doit-il prendre de litres de la première et de la seconde. R. 152 l. $\frac{8}{11}$ de la 1re et 127 l. $\frac{3}{11}$.

6me Trouver le nombre dont le $\frac{1}{5}$ de ses $\frac{3}{4}$ augmenté des $\frac{5}{6}$ de ses $\frac{9}{10}$ est égal à 54. R. 60.

8me LEÇON.

Sommaire. — **Caractères de divisibilité des nombres les uns par les autres. — Théorie du plus grand commun diviseur. — De quelques propriétés des nombres. Décomposition d'un nombre en ses facteurs premiers.**

80. Premier principe. *Si un tout est décomposé en deux ou plusieurs parties toutes divisibles par un même nombre, le tout est aussi divisible par le même nombre.*

Soit $20 = 12 + 8$ et supposons 12 et 8 divisibles par 4 ; je dis que 20 le sera aussi. En effet : le quotient de 20 par 4 se compose évidemment de ceux de 8 et 12 par 4 ; or ces deux quotients sont entiers par hypothèse, donc celui de 20 par 4 l'est aussi ; ce qui démontre le principe.

Conséquence. Si un nombre divise un autre nombre, il divise tous les multiples de celui-ci.

Deuxième principe. *Si un tout et l'une des deux parties qui le composent sont divisibles par un même nombre, l'autre partie l'est aussi ;* car si cela n'était pas, on aurait un nombre entier égal à un nombre fractionnaire.

CARACTÈRE DE DIVI-SIBILITÉ PAR 2 ET 5.

81. Un nombre sera divisible par 2, lorsque le chiffre des unités sera zéro ou un chiffre pair : en effet, si le dernier chiffre à droite est un zéro,

le nombre est un multiple de 10 et par conséquent de 2, donc il est divisible par 2. S'il est
terminé par un chiffre pair comme 58, il est décomposable en deux parties 50 + 8 toutes deux
divisibles par 2 : donc : etc.

Un nombre est divisible par 5 lorsque son dernier chiffre à droite est un zéro ou un 5. Même
démonstration que ci-dessus.

Le caractère de divisibilité par 4 ou 25, par 8
ou 125, est inutile à considérer.

DIVISIBILITÉ PAR 3 ET 9.

82. *Tout nombre est divisible par* 3 *ou par* 9
*lorsque la somme des chiffres considérés comme
unités simples est divisible par* 3 *ou par* 9. La
vérité de cette proposition repose sur la suivante.

*Tout nombre est décomposable en deux parties,
dont l'une est un multiple de* 9 *et l'autre la somme
des chiffres considérés comme unités simples.* Soit
4257 ; on peut le décomposer en 4000 + 200 +
50 + 7 ; or, 10, 100, 1000, etc. sont évidemment
des multiples de 9 augmentés de 1 ; donc tout
chiffre significatif suivi de 1, 2, 3, etc., zéros est
un multiple de 9 plus ce chiffre significatif, ainsi :

$$4000 = m \times 9 + 4\ ^*$$
$$200 = m \times 9 + 4$$
$$50 = m \times 9 + 5$$
$$7 = \ldots\ldots + 7$$

Donc $4251 = m \times 9 + (4+2+5+7)$ C. Q. F. D.

Delà on voit qu'il faut et qu'il suffit que la

---

* La notation m $\times$ 9 signifie un certain multiple de 9
qu'il est inutile de connaître.

somme des chiffres $(4 + 2 + 5 + 7)$ ou 18 soit *divisible par 9 pour que le nombre le soit.*

83. *Remarque.* Si la somme des chiffres n'était pas divisible par 9, le nombre lui-même ne le serait pas, et le reste de la division de cette somme par 9 serait le même que celui de la division du nombre total par 9 ; car le quotient total se compose de celui des deux parties dans lesquelles le nombre est partagé, et comme la première ne donne pas de reste, il faut bien que la deuxième donne le même reste que le nombre lui-même.

Il est incontestable qu'on ne change pas le reste de la division d'un nombre par 9 en ôtant de ce nombre autant de fois 9 que l'on veut ; ainsi l'on pourra, au fur et à mesure que la somme des chiffres atteindra ou dépassera 9, en ôter ce nombre, et l'on arrivera de la manière la plus simple au reste de la division du nombre proposé par 9.

Soit proposé de trouver le reste de la division par 9 du nombre 43564783 ; on dit, 4 et 3 font 7 et 5 font 12 qui diminué de 9 donnent 3, on continue de la même manière, en disant 3 qui restent, et 6 font 9, ôtant 9, il ne reste rien : 4 et 7 font 11, il reste 2 ; 2 et 8 font 10 ; ôtant 9 il reste 1 qui augmenté de 3 donne 4 pour reste définitif.

DIVISIBILITÉ PAR 11.

84. *Tout nombre est divisible par 11 lorsque la somme des chiffres de rang impair, à partir de la droite, diminuée de la somme des chiffres de rang pair, est zéro ou un multiple de 11.*

Cette proposition dépend des trois principes suivants :

1°. *L'unité suivie d'un nombre pair de zéros est un multiple de 11 augmenté d'une unité :* En effet, si on ôte 1 d'un pareil nombre, le reste sera évidemment divisible par 11, comme composé d'un nombre exact de tranches de 99 ; donc tout chiffre significatif suivi d'un nombre pair de zéros est un multiple de 11 plus ce chiffre : ainsi, $40000 = m \times 11 + 4$.

2°. *L'unité suivie d'un nombre impair de zéros est un multiple de 11 diminué d'une unité.* Soit 100000 ; on a $100000 = 10000 \times 10$, mais 10000 est un multiple de 11 plus 1, donc $100000 = m \times 11 + 10$, et comme $10 = 11 - 1^{*}$, il s'ensuit que $100000 = m \times 11 - 1$; par conséquent, tout chiffre significatif suivi d'un nombre impair de zéros est un multiple de 11 moins ce chiffre : ainsi, $5000 = m \times 11 - 5$.

3°. *Tout nombre est décomposable en deux parties dont l'une est un multiple de 11 et l'autre la différence entre la somme des chiffres de rang impair, à partir de la droite, et celle des chiffres de rang pair.*

Soit 271908 ; on peut le décomposer en $200000 + 70000 + 1000 + 900 + 8$.

$$mais \quad 200000 = m \times 11 - 2$$
$$70000 = m \times 11 + 7$$
$$1000 = m \times 11 - 1$$

---

* Le signe — veut dire *moins ;* ainsi $11 - 1$ doit se lire *onze moins un.*

$$900 = m \times 11 + 9$$
$$8 = \ldots\ldots + 8$$

Donc en additionnant,

$$271908 = m \times 11 + (8 + 9 + 7) - (1 + 2)$$
ou $271908 = m \times 11 + 24 - 3 = m \times 11 + 21$.

On voit bien que si la différence $24 - 3$ ou 21 est divisible par 11, le nombre lui-même le sera aussi, comme composé de deux parties divisibles par 11, (ce qui démontre la divisibilité par 11.)

85. *Remarque.* Si cette différence n'était pas zéro ou un multiple de 11, le nombre ne serait pas divisible par 11, et pour trouver le reste sans faire la division, il y a deux cas à considérer.

1°. *La somme des chiffres de rang impair peut surpasser celle des chiffres de rang pair;* alors le reste de la différence de ces deux sommes divisé par 11, est le même que celui du nombre total.

2°. *Si la somme des chiffres de rang impair est inférieure à celle des chiffres de rang pair,* on empruntera sur le multiple de 11, assez de fois 11 pour que la soustraction puisse se faire, et le reste ainsi obtenu est le même que celui du nombre proposé.

Exemples de nombres qui donnent lieu aux deux cas : 67895 et 935294.

67895 vaut un multiple de 11 plus la diffé-rence 3 entre 19, somme des chiffres de rang impair et 16 somme de ceux de rang pair ; par con-séquent, 3 est le reste de la division par 11. 935294 vaut un multiple de 11 plus la différence entre 9 et 23, la première somme étant plus petite que la seconde, on l'augmente d'assez de fois 11 pour que le nombre qui en résulte égale ou surpasse 23 ; en lui ajoutant 22, on trouve 31 qui, diminué de 23, donne 8 pour reste ; ainsi, le nombre proposé, divisé par 11, donne 8 pour reste.

86. *Nous avons dit* (19) *qu'il fallait diviser le multiplicande et le multiplicateur par 9, multiplier les deux restes ainsi obtenus l'un par l'autre, et le reste de ce petit produit par 9 devait être le même que celui du produit total divisé par 9.*

Pour constater cette règle, prenons un exemple ; soit 537 à multiplier par 74.

Le multiplicande donne pour reste 6 et le multiplicateur 2 ; il s'agit de faire voir que le reste du produit 6×2 ou 12 divisé par 9 est le même que celui du produit total :

$$\text{En effet, } 537 = m \times 9 + 6$$
$$74 = m \times 9 + 2$$

donc le produit $537 \times 74 = m \times 9 + 6 \times 2. = m \times 9 + 12.$

Cette égalité démontre la règle énoncée.

On démontrerait de même la preuve par 11.

THÉORIE DU PLUS GRAND COMMUN DIVISEUR.

77. *Le nombre le plus grand qui divise à la fois deux ou plusieurs nombres donnés, s'appelle leur plus grand commun diviseur.* (On l'indique par P. G. C. D.)

Soit proposé de trouver le plus grand commun

diviseur qui existe entre les deux nombres 216 et 48.

Le P. G. C. D. devant diviser les deux nombres, ne peut pas surpasser le plus petit, mais il pourrait lui être égal; pour s'en assurer, on divise le plus grand par le plus petit, on trouve 4 pour quotient et 24 pour reste : ainsi 48 n'est pas le plus grand commun diviseur. L'égalité évidente $216 = 48 \times 4 + 24$ nous fait voir que le P. G. C. D. cherché doit diviser 24; en effet, il divise un tout 216 et l'une de ses parties 48×4; donc il doit diviser l'autre 24 : par conséquent, le P. G. C. D. ne peut surpasser 24 ; mais il pourrait lui être égal, car, si 24 divisait 48, il diviserait les deux parties d'un tout et par conséquent il diviserait le tout 216; donc ce serait le P. G. C. D. : on est donc conduit à diviser 48 par 24, on trouve 2 pour quotient et 0 pour reste; donc 24 est le P. G. C. D. : si on avait trouvé un reste, on doit voir ce qu'il y aurait à faire; on continuerait jusqu'à ce qu'on arrivât à un reste nul, et le reste précédent serait le P. G. C. D.

1re *Remarque.* Lorsque le reste qui précède celui qui est zéro sera l'unité, les deux nombres auront l'unité pour P. G. C. D, et ces deux nombres seront dits *premiers entre eux.*

Tout nombre qui n'est divisible que par lui-même et par l'unité est appelé *premier absolu.*

Pour reconnaître si un nombre est premier absolu, on le divise par tous les nombres premiers plus petits que la moitié, et si aucun d'eux ne le divise, on est certain qu'il est premier.

On pourra s'exercer à former un tableau de tous les nombres premiers depuis 1 jusqu'à 1000.

2me *Remarque*. Lorsqu'on se sera aperçu dans la recherche du plus grand commun diviseur, qu'un des restes est un nombre premier, il sera inutile d'aller plus loin, car s'il divise le reste précédent, il est lui-même le P. G. C. D., et s'il ne le divise pas on est certain que les deux nombres sont premiers entre eux.

88. *Tout diviseur de deux nombres divise leur* P. G. C. D. Cette proposition est facile à démontrer et c'est d'ailleurs une conséquence immédiate de la théorie du P. G. C. D. développée ci-dessus.

89. Soient les trois nombres 48, 72 et 108.

P. G. C. D. ENTRE TROIS NOMBRES ET PAR SUITE ENTRE QUATRE, ETC.

On cherche le P. G. C. D. entre 48 et 72, c'est 24 ; puis celui qui existe entre 24 et 108 ; on trouve 12 qui est le P. G. C. D. entre les trois nombres : en effet, 12 divise les trois nombres évidemment ; le P. G. C. D. quel qu'il soit devant diviser 48 et 72 divise 24 (77) ; divisant à la fois 24 et 108, il doit diviser 12, qui est leur P. G. C. D., par conséquent le P. G. C. D. cherché est 12 lui-même. C. Q. F. D.

QUELQUES PROPRIÉTÉS DES NOMBRES.

90. Principe. *Si on rend deux nombres un certain nombre de fois plus grands, leur* P. G. C. D. *devient le même nombre de fois plus grand*. En effet, le premier reste, d'après ce qu'on a vu dans la division, devient le même nombre de fois plus grand, et par suite le 2e, le 3e reste etc. : par conséquent, le P. G. C. D., qui est un des res-

tes, devient aussi le même nombre de fois plus grand : donc, etc. C. Q. F. D.

91. 1ʳᵉ *Propriété. Tout nombre qui divise un produit de deux facteurs et qui est premier avec l'un deux, divise l'autre :* je suppose que 12 divise le produit 49×60 et que 12 soit premier avec 49, je dis que 12 divisera 60 : en effet, 12 et 49 ont 1 pour plus grand commun diviseur ; par conséquent (90) 12×60 et 49×60 auront 60 pour P. G. C. D. ; or, 12×60 est évidemment divisible par 12 ; le produit 49×60 est, par hypothèse, divisible aussi par 12 ; donc 60 est divisible par 12 (88). C. Q. F. D.

Conséquence. *Si un nombre premier absolu divise un produit de deux ou plusieurs facteurs, il divise au moins l'un des facteurs.* Car, s'il ne divise pas l'un deux, il est premier avec lui, et par conséquent il doit diviser l'autre. Ainsi, 7 divisant le produit 27×35 doit diviser un des deux facteurs.

92. 2ᵐᵉ *Propriété. Si un nombre est premier avec chacun des facteurs qui composent un produit, il est premier avec le produit ;* car, s'il n'était pas premier avec le produit, il aurait avec lui un facteur commun qui serait, ou premier absolu, ou composé de nombres premiers absolus ; un de ces nombres premiers absolus divisant le produit, diviserait un de ses facteurs et comme il divise aussi le nombre donné, il s'ensuivrait que celui-ci ne serait pas premier avec chacun des facteurs du produit, ce qui est contre l'hypothèse ; donc, etc. : ainsi 12 étant premier avec les fac-

teurs 17, 49 et 77 du produit $17 \times 49 \times 77$, est premier avec ce produit.

Conséquence de cette propriété. *Un nombre étant premier avec un autre, sera premier avec toutes les puissances de celui-ci :* ainsi, la *fraction* $\frac{5}{12}$ ayant ses deux termes premiers entre eux, les fractions $\left(\frac{5}{12}\right)^3$, $\frac{5^3}{12^3}$ etc., les auront aussi. (On appelle *puissance* d'un nombre le produit de plusieurs facteurs égaux à ce nombre, $5 \times 5 \times 5$ est une puissance de 5 : on indique la puissance par un petit chiffre appelé *exposant*, qu'on place à droite du nombre, il exprime combien de fois le nombre doit entrer comme facteur dans le produit. La 3e puissance de 5 s'écrit $5^3 = 5 \times 5 \times 5$.

93. 3me Propriété. *Si un nombre est divisible par plusieurs autres nombres premiers entre eux deux à deux, il est divisible par leur produit.* Je suppose que 120 soit divisible par 4, 3 et 5 premiers entre eux, deux à deux, je dis que 120 sera divisible par leur produit $4 \times 3 \times 5$; en effet, puisque 120 est divisible par 4, on aura $120 = 4 \times$ (q, désigne le quotient), 120 étant par hypothèse divisible par 3, son égal $4 \times q$ le sera aussi ; mais 3 est premier avec 4 par conséquent 3 doit diviser le nombre q, ainsi $q = 3 \times q'$; donc $120 = 4 \times 3 \times q'$; de même on prouvera que q' doit être divisible par 5 ; par conséquent $120 = 4 \times 3 \times 5 \times q''$; donc 120 est divisible par $4 \times 3 \times 5$, puisqu'il est un multiple de ce produit.

94. 4ᵉ Propriété. *Un nombre n'est décomposable que d'une seule manière en facteurs premiers.* Cette propriété se démontre facilement au moyen des deux précédentes.

DÉCOMPOSITION D'UN NOMBRE EN SES FACTEURS PREMIERS.

95. *Pour décomposer un nombre en ses facteurs premiers, on le divise successivement par chacun des nombres premiers 2, 3, 5, etc., qui n'excèdent pas sa moitié jusqu'à ce qu'on arrive à un quotient exact; on divise ce quotient par le nombre qui a servi de diviseur, si le nouveau quotient est exact, on le divise par le même nombre premier, et l'on continue ces divisions jusqu'à ce qu'on obtienne un quotient qui ne soit plus divisible par le nombre premier qui a servi de dernier diviseur. On opère sur le dernier quotient obtenu comme sur le nombre proposé et l'on continue ces calculs jusqu'à ce qu'on parvienne à un quotient qui soit un nombre premier. Le nombre proposé est égal au produit de ce dernier quotient par tous les nombres qui ont servi de diviseurs.*

Exemple. Soit proposé de décomposer 210 en ses facteurs simples ou premiers.

Ce nombre est divisible par 2 et donne pour quotient 105; ainsi $210 = 2 \times 105$. Tout diviseur de 105 l'est de 210; donc la question est ramenée à décomposer 105 en ses facteurs premiers; 105 n'est plus divisible par 2, mais il l'est par 3 et donne pour quotient 35 : ainsi, $105 = 3 \times 35$ et par suite $210 = 2 \times 3 \times 35$; 35 est divisible par 5 et donne pour quotient 7, nombre premier : par conséquent, $210 = 2 \times 3 \times 5 \times 7$.

On dispose l'opération de cette manière.

$$\begin{array}{r|l} 210 & 2 \\ 105 & 3 \\ 35 & 5 \\ 7 & 7 \end{array}$$

2°. *Exemple*. Décomposer 2940 en ses facteurs premiers.

$$\begin{array}{r|l} 2940 & 2 \\ 1470 & 2 \\ 735 & 3 \\ 245 & 5 \\ 49 & 7 \\ 7 & 7 \end{array}$$

Remarque. Lorsqu'un nombre contient plusieurs fois comme facteurs, un nombre premier, on n'écrit ce facteur qu'une seule fois et on place à sa droite et un peu au-dessus, un nombre qu'on appelle exposant et qui indique combien de fois il entre comme facteur.

Ainsi, $2 \times 2 \times 2$ peut s'écrire 2^3; et 2940 qui est égal à $2 \times 2 \times 3 \times 5 \times 7 \times 7$, peut être mis sous cette forme $2^2 \times 3 \times 5 \times 7^2$.

RÉDUCTION DE PLUSIEURS FACTEURS AU MÊME DÉNOMINATEUR LE PLUS PETIT POSSIBLE.

96. C'est ici le lieu de donner la manière de réduire plusieurs fractions au même dénominateur.

Pour obtenir le dénominateur le plus simple, *on décompose tous les dénominateurs en leurs facteurs premiers, et l'on forme un produit dans lequel chacun de ses facteurs premiers se trouve affecté d'un exposant égal au plus fort de ceux qui les affectaient dans les différens dénominateurs.* Il est clair que le nombre ainsi formé est le multiple le plus simple de tous les dénominateurs.

Soit proposé de réduire au même dénominateur les fractions suivantes : $\frac{7}{20}$, $\frac{11}{36}$, $\frac{1}{150}$, $\frac{19}{1325}$. On trouve, en décomposant les dénominateurs en leurs facteurs premiers, $20 = 2_2 \times 5$, $36 = 2_2 \times 3^2$, $150 = 2 \times 3 \times 5^2$ et $1325 = 3^2 \times 5^3$.

Le dénominateur commun est donc visiblement égal à $2^2 \times 3^2 \times 5^3 = 4500$.

Il resterait maintenant à multiplier les deux termes de chaque fraction par le quotient de 4500 divisé par le dénominateur de la fraction que l'on considère. Ce quotient peut être obtenu simplement en profitant de la décomposition des dénominateurs en leurs facteurs premiers ; on trouve qu'il faut multiplier les fractions par les nombres 225 , 125, 30 et 4 ; et l'on obtient $\frac{1575}{4500}$, $\frac{1375}{4500}$, $\frac{30}{4500}$, $\frac{76}{4500}$.

9me LEÇON.

Sommaire. — **De la formation du carré d'un nombre et de l'extraction de la racine carrée. — Cube et racine cubique des nombres.**

FORMATION DU CARRE D'UN NOMBRE QUI RENFERME DES DIZAINES ET DES UNITÉS.

97. *Définitions.* On appelle *carré* d'un nombre le produit de ce nombre par lui-même et *racine carrée* d'un nombre le nombre qui, multiplié par lui-même, reproduit le nombre proposé.

Le carré d'un nombre qui renferme des dizaines et des unités, se compose de trois parties, savoir : *du carré des dizaines, du double produit des dizaines par les unités et du carré des unités :* pour démontrer cette proposition, multiplions le nombre 47 par lui-même :

$$
\begin{array}{r}
47 \\
47 \\
\hline
\end{array}
$$

49	carré des unités.
280 ⎫	double produit des dizaines par les
280 ⎭	unités.
1600	carré des dizaines.

$$2209$$

Commençant à la manière ordinaire, on dit :

7 fois 7 font 49, carré des unités, qu'on écrit tout
entier au lieu d'écrire 9 et de retenir les 4 dizaines; les 4 dizaines du multiplicande par les 7 unités du multiplicateur donnent au produit 280; les
7 unités du multiplicande par les dizaines du
multiplicateur donnent le même produit 280, ces
deux produits partiels réunis forment le *double
produit des dizaines par les unités;* le produit
des 4 dizaines du multiplicande par les 4 dizaines
du multiplicateur donne 1600, *carré des dizaines.*

On remarquera bien que le carré du nombre
de dizaines se trouve toujours dans les centaines
du produit total, et que le double produit du chiffre des dizaines par celui des unités est additionné
dans les dizaines.

La composition du carré d'un nombre de plusieurs chiffres est la même que celle du carré
d'un nombre de deux chiffres, parce qu'un nombre quelconque peut-être considéré comme composé d'un certain nombre de dizaines plus un
certain nombre d'unités.

EXTRACTION DE LA
RACINE CARRÉE. 98. Ce qui précède bien entendu, il nous sera
facile de revenir du carré d'un nombre à sa racine.

Si un nombre n'a qu'un ou deux chiffres, sa
racine s'obtiendra immédiatement, en considérant le tableau suivant qui contient les carrés des
dix premiers nombres.

1, 2, 3, 4, 5, 6, 7, 8, 9, 10
1, 4, 9, 16, 25, 36, 49, 64, 81, 100.

Soit donc un nombre de plus de deux chiffres,
par exemple 4489.

On dira : ce nombre étant plus grand que 100, sa racine renfermera des dizaines et des unités (le chiffre des unités peut être nul) ; de ce que la racine cherchée contient des dizaines et des unités, il s'ensuit (97) que le nombre proposé renferme trois parties, savoir : *le carré des dizaines, le double produit des dizaines par les unités et le carré des unités*. On sait, par la formation du carré d'un nombre que le carré du nombre des dizaines de la racine, se trouve toujours dans les centaines de 4489 ; ainsi, 44 renferme bien le carré du chiffre des dizaines : mais comme ce nombre 44 peut en outre contenir des centaines de retenue provenant des deux autres parties du carré, on serait porté à croire que l'extraction de la racine du plus grand carré contenu dans 44 pût quelquefois donner un chiffre trop fort, mais cela n'a jamais lieu : en effet, soit 6 la racine du plus grand carré contenu dans 44, je dis que 6 représente bien les dizaines, car 44 étant compris entre les deux carrés 36 et 49, le nombre 4489 l'est évidemment entre 3600 et 4900 ; par conséquent sa racine tombe entre celle de 3600 et 4900 qui sont 60 et 70 ; donc, la racine est bien composée de 6 dizaines et d'un certain nombre d'unités.

Type de l'opération

44,89	67
36 00	———
———	127
88,9	. 7
889	———
———	889
000	

Connaissant le chiffre des dizaines, on passe à la détermination de celui des unités ; pour cela, on fait le carré des 6 dizaines, ce qui donne 3600 que l'on retranche du nombre proposé, et l'on obtient pour reste 889 qui ne contient plus que deux parties, savoir : *le double produit des dizaines par les unités et le carré des unités*. Or, le double produit du nombre des dizaines par celui des unités se trouve toujours comme nous le savons, dans les 88 dizaines de 889 ; ainsi, l'on peut regarder 88 comme un produit de deux facteurs dont l'un est le double de 6 et l'autre le chiffre des unités.

Par conséquent, si on divise 88 par 6×2 ou 12, le quotient 7 représentera le chiffre des unités ou un chiffre trop fort, à cause des dizaines de retenue que peut contenir 88 ; il est donc nécessaire de l'essayer : pour cela, on l'écrit à la droite de 12 et on multiplie le nombre 127 par 7 ; on forme ainsi évidemment le double produit des dizaines par les unités et le carré des unités : si ce produit ne peut pas se soustraire du reste 889, le quotient obtenu est trop fort et on le diminue successivement d'une unité, jusqu'à ce qu'on en ait obtenu un qui ne soit pas trop fort ; 127 multiplié par 7 donne 889 qui, étant soustrait, donne 0 pour reste ; par conséquent 4489 est le carré de 67.

99. Lorsque le nombre n'est pas un carré parfait, on raisonne absolument de la même manière.

Soit le nombre 4547.

$$\begin{array}{r|l} 45,47 & \quad 67 \\ 94,7 & \overline{\quad 127} \\ 58 & \qquad 7 \end{array}$$

On sépare le nombre en tranches de deux chiffres, à partir de la droite , et on extrait la racine
du plus grand carré contenu dans la première
tranche à gauche, ayant trouvé 6 pour les dizaines de la racine, on en fait le carré qu'on retranche de 45 sans écrire 36 au-dessous ; on trouve
9 pour reste, on abaisse les deux chiffres suivans
et l'on sépare le dernier chiffre à droite par une
virgule ; on double le chiffre 6 , ce qui donne 12
et l'on divise 94 par 12 ; on obtient pour quotient
7 qu'on écrit à la droite de 12 ; on multiplie le
nombre 127 par 7 et l'on retranche le produit en
disant 7 fois 7 font 49 de 57 reste 8 ; 7 fois 2 font
14 et 5 de retenue font 19, de 24 reste 5 ; 7 fois
1 font 7 et 2 de retenue font 9 qui otées de 9 donnent 0 pour reste ; ainsi le chiffre 7 n'est pas
trop fort et la racine est 67 à une unité près avec
58 pour reste , car il est évident qu'on a retran-
ché de 4547 le carré de 67.

EXTRACTION DE LA RACINE CARRÉE D'UN NOMBRE DE PLUS DE 4 CHIFFRES.

100. Soit encore proposé d'extraire la racine
carrée du nombre 468479.

$$\begin{array}{r|ll} 46,84,79 & \quad 684 \\ 108,4 & \overline{\ 128 \quad 1384} \\ 607,9 & \quad\ 8 \qquad 4 \\ 623 & \end{array}$$

Ce nombre étant plus grand que 100 , sa racine
aura des dizaines et des unités : par conséquent
ce nombre renferme, *le carré des dizaines , le*

double produit des dizaines par les unités et le carré des unités : mais le carré du nombre des dizaines se trouve dans les centaines et ne peut faire partie des deux derniers chiffres ; c'est donc 4684 qui renferme le carré du nombre des dizaines de la racine ; je dis que la racine du plus grand carré contenu dans 4684 représente bien les dizaines ; en effet, supposons pour un instant que 4684 soit compris entre les carrés de 57 et de 58 ; il est manifeste que 58 dizaines ou 580 est trop fort, puisque le carré de 58 est, par hypothèse, supérieur à 4684 ; il est aussi manifeste que 57 dizaines ou 570 n'est pas une racine trop forte, car le carré de 57 peut, par hypothèse, se soustraire de 4684, par conséquent le carré de 570 pourra se soustraire de 468400 et à fortiori de 468479 ; donc sa racine est comprise entre 57 dizaines et 58 dizaines, donc malgré les centaines de retenue qui peuvent se trouver dans 4684, on peut conclure que la racine du plus grand carré y contenu représente bien les dizaines cherchées.

Ainsi, on est conduit à extraire la racine carrée de 4684, nombre plus simple que le proposé ; ce nombre lui-même étant plus grand que 100, sa racine se composera de dizaines et d'unités ; par conséquent il contient le carré des dizaines etc. : mais le carré des dizaines se trouve dans 46 et l'on sait que pour obtenir les dizaines il suffit d'extraire la racine du plus grand carré contenu dans 46 ; on trouve 6 pour le chiffre des dizaines ; ce chiffre connu on procède à la recherche du

chiffre suivant comme il a été démontré précédemment ; on trouve 8 pour les unités et 60 pour
reste. Ainsi la racine de 4684 est 68 ; par conséquent la racine totale se composera de 68
dizaines : pour trouver le chiffre des unités, on
abaisse la tranche suivante 79 à côté du reste 60,
on sépare le dernier chiffre à droite par une virgule et on divise la partie à gauche 607 par 136,
double de 68 ; on obtient pour quotient 4 qui
peut être trop fort, mais jamais trop faible ; on
l'essaie absolument comme on le fait lorsque le
nombre n'a que quatre chiffres ; on trouve 623
pour reste ; ainsi, 684 représente la racine carrée de 468479 à une unité près.

De ce qui précède on peut facilement déduire
la règle à suivre pour extraire la racine carrée
d'un nombre composé d'autant de chiffres que
l'on veut ; je laisse aux élèves le soin de le faire.

101. *Remarque.* Si l'on suit bien la règle démontrée précédemment, on ne peut jamais trouver un chiffre trop faible pour le chiffre des unités, cependant si par inadvertance on mettait un
chiffre trop faible, on en serait averti par le reste
qui égalerait ou surpasserait deux fois la racine
trouvée plus un ; cela tient à ce que la *différence
des carrés des deux nombres consécutifs est égale
à deux fois le plus petit nombre plus un.*

102. *Pour former le carré d'une fraction ou
d'un nombre fractionnaire, il suffit évidemment
de faire le carré de ses deux termes ;* ainsi les
carrés de $\frac{7}{12}$ et $\frac{12}{7}$ sont $\frac{49}{144}$ et $\frac{144}{49}$: réciproque-

ment la racine carrée de $\frac{49}{144}$ est $\frac{7}{12}$; ce qui nous fait voir que *pour extraire la racine carrée d'une fraction dont les deux termes sont des carrés, il suffit d'extraire la racine du numérateur et du dénominateur et de diviser ces deux racines l'une par l'autre.*

103. *Tout nombre entier qui n'est pas un carré parfait ne peut avoir pour racine un nombre fractionnaire exact ;* en effet, supposons pour un instant que $\frac{22}{7}$, fraction irréductible, soit la racine exacte d'un certain nombre entier ; il s'ensuivrait que $\frac{22}{7}$ élevé au carré devrait reproduire le nombre proposé, ce qui est absurde puisque toutes les puissances d'une fraction irréductible sont des fractions irréductibles.

On peut dans bien des cas reconnaître à l'inspection d'un nombre qu'il n'est pas un carré parfait ; comme ces différens cas sont plus curieux qu'utiles et que d'ailleurs les démonstrations n'offrent aucune difficulté , je ne ferai ici que les énoncer.

1°. *Tout nombre terminé par un des chiffres* 2, 3, 7, 8 *ne peut être un carré parfait.*

2°. *Tout nombre pair non divisible par* 4 *ne saurait être un carré parfait ;* il faudrait bien se garder d'en conclure cette réciproque que : *si un nombre est divisible par* 4 *, il est un carré.*

3°. *Tout nombre terminé par un 5 sans que le chiffre des dizaines soit 2 ne peut être un carré.*

RACINE CARRÉE PAR APPROXIMATION. **104.** Nous avons vu qu'un nombre qui n'est pas un carré parfait ne peut avoir pour racine un nombre fractionnaire exact; mais s'il est impossible d'évaluer exactement la fraction qui doit compléter la racine, on peut du moins en approcher aussi près que l'on veut.

RACINE CARRÉE A UNE FRACTION ORDINAIRE PRÈS

Soit proposé de trouver la racine carrée de 12 à $\frac{1}{8}$ près; ce qui veut dire, trouver un nombre qui diffère de la racine carrée de 12 d'une quantité plus petite que $\frac{1}{8}$. Pour cela, transformons 12 en nombre fractionnaire qui ait pour dénominateur le carré de 8, on obtient $\frac{12 \times 64}{64}$, ou en effectuant le calcul du numérateur, $\frac{768}{64}$; on extrait la racine de 768 à une unité près, ce que l'on sait faire, puis l'on divise cette racine par 8 et l'on a $\frac{27}{8}$ pour cette racine à $\frac{1}{8}$ près; en effet, 768 est compris entre 27^2 et 28^2, par conséquent $\frac{768}{64}$ ou 12 est compris entre les nombres fractionnaires $\frac{27^2}{64}$ et $\frac{28^2}{64}$; donc la racine carrée de 12 qui s'écrit ainsi ($\sqrt{12}$), tombe entre $\frac{27}{8}$ et $\frac{28}{8}$, nombres fractionnaires qui ne diffèrent que de $\frac{1}{8}$; donc $\frac{27}{8}$ représente la racine carrée de 12 à $\frac{1}{8}$ près.

De là, on déduit la règle suivante pour extraire la racine carrée d'un nombre entier à une fraction près dont le numérateur est l'unité : *on multiplie le nombre donné par le carré du dénominateur de la fraction qui détermine le degré d'approximation désirée, on extrait à une unité près la racine carrée de ce produit et on la divise par le dénominateur.*

105. *Remarque.*-La règle à suivre est la même lorsqu'il s'agit d'extraire la racine carrée d'un nombre fractionnaire à une fraction près dont le numérateur est l'unité : Exemple, *soit à extraire la racine carrée de* $\frac{35}{8}$ *à* $\frac{1}{7}$ *près;* je transforme $\frac{35}{8}$ en une fraction qui ait pour dénominateur le carré de 7 , j'obtiens $\dfrac{\frac{35 \times 49}{8}}{49}$ ou , en effectuant le calcul indiqué au numérateur $\dfrac{\frac{1715}{8}}{49}$, ou encore; en entrayant les entiers contenus dans le numérateur, $\dfrac{214 \frac{3}{8}}{49}$: ainsi , $\frac{35}{8} = \dfrac{214 \frac{3}{8}}{49}$; donc $\sqrt{\frac{35}{8}}$ $= \sqrt{\dfrac{214 \frac{3}{8}}{49}} = \dfrac{\sqrt{214 \frac{3}{8}}}{7}$: extrayant la racine de $214 \frac{3}{8}$ à une unité près, ce qui se fait en extrayant simplement la racine de 214 (comme il est facile de le démontrer) et divisant cette racine par 7, on obtient $\frac{14}{7}$ à $\frac{1}{7}$ près.

106. *L'approximation en décimales est une conséquence de la règle précédente.*

Soit à extraire la racine carrée de 12 à $\frac{1}{100}$ près ; conformément à la règle, on multipliera 12 par le carré de 100 (ce qui revient à écrire sur la droite de 12 quatre zéros) ; on extraira la racine de ce produit à une unité près et on divisera par 100.

$$
\begin{array}{c|cc}
12,00,00 & 346 & \\
30,0 & \overline{} & \\
440,0 & 64 & 686 \\
284 & 4 & 6
\end{array}
$$

Type de l'opérat.

Ainsi, $\sqrt{12} = 3,46$ à $\frac{1}{100}$ près.

Remarque. Il est évident qu'on pourrait se dispenser d'écrire les zéros à l'avance, et ne les ajouter, par couple de deux, qu'au fur et à mesure qu'on veut avoir un nouveau chiffre décimal à la racine.

107. On a souvent besoin de trouver la racine carrée d'une fraction dont le dénominateur n'est pas un carré ; dans ce cas, *on multiplie les deux termes de la fraction par le dénominateur ; on extrait la racine du numérateur de la transformée, à une unité près, et on divise par le dénominateur ; on obtient ainsi la racine de la fraction proposée à une fraction près qui a pour numérateur l'unité et dont le dénominateur est celui de la fraction donnée.*

Soit à extraire la racine carrée de $\frac{7}{12}$

$$
\sqrt{\frac{7}{12}} = \sqrt{\frac{7 \times 12}{12^2}} = \frac{\sqrt{84}}{12} = \frac{9}{12} \text{ à } \frac{1}{12} \text{ près} ;
$$

car $\sqrt{84}$ tombe entre 9 et 10, donc $\frac{\sqrt{84}}{12}$ ou $\sqrt{\frac{7}{12}}$ tombe entre $\frac{9}{12}$ et $\frac{10}{12}$; ce qui démontre la règle énoncée.

Si l'on voulait un plus grand degré d'approximation, on extrairait la racine de 84 à $\frac{1}{10}$, $\frac{1}{100}$…. etc. près, et on diviserait cette racine par 12.

RACINE CARRÉE D'UNE FRACTION OU D'UN NOMBRE FRACTIONNAIRE DÉCIMAL A UNE FRACTION DÉCIMALE PRÈS.

108. *Pour extraire la racine carrée d'un nombre décimal, à moins d'une unité décimale d'un certain ordre, on commence par rendre le nombre des chiffres décimaux double de celui qu'on veut avoir à la racine,* (ce qui se fait en écrivant un nombre convenable de zéros à la droite du nombre proposé, s'il n'a pas assez de chiffres décimaux, ou, en supprimant des décimales s'il y en a de trop.) *On fait abstraction de la virgule dans le nouveau nombre, on en extrait la racine à une unité près, puis on sépare sur la droite le nombre des décimales demandées.*

Pour démontrer cette règle, prenons pour exemple $\sqrt{12,031}$ à $\frac{1}{1000}$ près.

$$\sqrt{12,031} = \sqrt{\frac{12,031 \times 1000000}{1000000}} =$$

$$\frac{\sqrt{12,031 \times 1000000}}{1000} = \frac{\sqrt{12031000}}{1000} ;$$ on trouve

3468 pour la racine de 1203100 à une unité près, donc $\frac{3468}{1000}$ ou 3468 représente la racine cherchée à $\frac{1}{1000}$ près, ce qui démontre la règle.

RACINE CARRÉE D'UNE FRACTION A MOINS D'UNE UNITÉ DÉCIMALE DUN CERTAIN ORDRE.

109. *Pour trouver la racine d'une fraction ordinaire, à moins d'une unité décimale d'un certain ordre, on convertit la fraction proposée en décimales, on pousse l'opération jusqu'à ce qu'on ait obtenu au quotient, deux fois autant de chif-*

*fres décimaux qu'on en veut à la racine ; on sup-
prime la virgule, on extrait la racine, à une unité près, du nombre entier qui en résulte, puis on
sépare sur la droite le nombre des chiffres décimaux demandé.*

Soit à chercher $\sqrt{\dfrac{7}{12}}$ à $\dfrac{1}{1000}$ près.

$$\sqrt{\frac{7}{12}} = \sqrt{\frac{\frac{7}{12} \times 1000000}{1000000}} = \sqrt{\frac{\frac{7000000}{12}}{1000}} =$$

$$\frac{\sqrt{583333,333\ldots}}{1000}$$

La racine de 583333 à une unité près étant
763, celle de 583333,33... sera aussi 763 et par
conséquent $\sqrt{\dfrac{7}{12}} = 0,763$ à $\dfrac{1}{1000}$ près.

110. Nous avons vu précédemment qu'il faut,
pour reconnaître si un nombre est premier, essayer comme diviseur tous les nombres premiers
plus petits que sa moitié ; si aucun d'eux ne divise le nombre proposé, il est premier : cette
règle est assez longue lorsque le nombre dépasse
100 ; on peut en donner une autre beaucoup plus
simple fondée sur la racine carrée : *Lorsqu'un
nombre n'est divisible par aucun des nombres
premiers plus petits que sa racine carrée, il est
premier absolu.* En effet, si le nombre admettait
un diviseur premier plus grand que sa racine,
par compensation il en admettrait aussi un plus
petit que sa racine, ce qui est contre l'hypothèse.
Donc, etc. C. Q. F. D.

Cette règle permet de former rapidement une

table des nombres premiers compris entre 1 et 1000 ; ce qui peut être utile.

DE LA FORMATION DU CUBE ET DE L'EXTRACTION DE LA RACINE CUBIQUE DES NOMBRES.

111. *Définitions.* On nomme *cube* ou troisième *puissance d'un nombre*, le produit de trois facteurs égaux à ce nombre ; et *racine cubique d'un nombre* le nombre qui, pris trois fois comme facteur, reproduit le nombre proposé.

Pour former le cube d'un nombre, il suffit de multiplier le carré de ce nombre par ce nombre lui-même.

On trouve pour le cube des dix premiers nombres.

1, 2, 3, 4, 5, 6, 7, 8, 9, 10,
1, 8, 27, 64, 125, 216, 343, 512, 729, 1000.

COMPOSITION DU CUBE D'UN NOMBRE PLUS GRAND QUE DIX.

Le cube d'un nombre qui renferme des dizaines et des unités se compose de quatre parties, savoir : le cube des dizaines, le triple carré des dizaines par les unités, le triple carré des unités par les dizaines et le cube des unités.

Pour faire voir cette composition, nous remarquerons que le carré d'un pareil nombre se compose de trois parties : *le carré des dizaines, le double produit des dizaines par les unités et le carré des unités ;* multipliant successivement ces trois parties par les dizaines et les unités de ce nombre, on obtient six produits, savoir :

1°. *Le carré des dizaines par les dizaines,* ou, *le cube des dizaines.*

2°. *Le double produit des dizaines par les uni-*

tés multiplié par les dizaines, ou, le double carré des dizaines par les unités.

3° *Le carré des unités par les dizaines.*

4° *Le carré des dizaines par les unités.*

5° *Le double produit des dizaines par les unités multiplié par les unités, ou, le double carré des unités par les dizaines.*

6° *Le carré des unités par les unités, ou, le cube des unités.*

Observant que 2° et 4° peuvent se réunir en un seul et donnent *le triple carré des dizaines par les unités ;* que 3° et 5° donnent, en les ajoutant, *le triple carré des unités par les dizaines ;* on verra que le cube d'un nombre se compose bien des quatre parties énoncées ci-dessus.

Il est très important de remarquer que le *cube du nombre des dizaines de la racine* se trouve dans les *mille,* et que *le triple carré du nombre des dizaines par les unités de la racine* se trouve dans les *centaines.*

112. Nous pouvons maintenant rechercher le procédé pour extraire la racine cubique d'un nombre composé de plus de trois chiffres.

Soit le nombre 9195112.

Ce nombre étant plus grand que mille, sa racine sera composée de dizaines et d'unités ; par conséquent, il renferme quatre parties, savoir : *le cube des dizaines, le triple carré des dizaines par les unités, le triple carré des unités par les dizaines* et *le cube des unités :* mais, comme on le sait, le cube du nombre des dizaines se trouve dans les mille ; ainsi 9195 contient le cube du nombre des dizaines

plus des retenues : si l'on extrait la racine du plus
grand cube renfermé dans 9195, je dis que cette
racine, malgré les retenues, représentera bien le
nombre des dizaines : soit, par hypothèse, 15 la
racine du plus grand cube, il s'agit de prouver que
15 représente le nombre des dizaines ; en effet, 16
serait trop fort, puisque, par hypothèse, le cube
de 16 est plus grand que 9195 ; et 15 n'est pas
trop fort, car le cube de 15 étant plus petit que
9195, le cube de 150 est plus petit que 9195000 et
à fortiori que 9195112 ; donc la racine serait bien
comprise entre 15 dizaines et 16 dizaines : on est
donc conduit, *pour avoir les dizaines de la racine
à extraire la racine cubique de* 9195 : ce nombre
lui-même étant plus grand que 1000, sa racine sera
composée de dizaines et d'unités et il renfermera
les quatre parties connues : on sait que le cube du
nombre des dizaines se trouve dans les mille ; ainsi,
9 représente le cube du nombre des dizaines plus
des retenues ; mais on démontrerait comme tout-
à l'heure que 2, racine du plus grand cube contenu dans 9, est bien le chiffre des dizaines.

Ce chiffre trouvé, on en fait le cube qu'on retranche de 9195, il reste 1195 qui contient encore
*le triple carré du nombre des dizaines par les
unités, plus etc.* On sait que le triple carré du
nombre des dizaines par les unités se trouve dans
les centaines ; ainsi 11 renferme ce produit de
deux facteurs plus des retenues ; par conséquent si
on divise 11 par le triple carré du nombre des dizaines, on aura pour quotient le chiffre des unités
ou un chiffre trop fort : comme 11 ne contient pas

12, il s'ensuit qu'il n'y a pas d'unités ; ainsi la racine cubique de 9195 est 20 avec 1195 pour reste; la racine totale se compose donc de 20 dizaines.

9,195	20		9,195,112	209
8		12	11951,12	1200
1195			65783	

Pour trouver le chiffre des unités, on procèdera comme ci-dessus : on retranchera le cube de 20 dizaines de 9195112, on aura pour reste 1195112 qui contient encore le triple carré de 20 dizaines par les unités, plus etc. ; mais le triple carré des dizaines par les unités, se trouve dans les centaines ; donc, si on sépare les deux derniers chiffres à droite et qu'on divise 11951 par 1200, le triple carré de 20 dizaines, on trouve pour quotient 9 qui représente le chiffre des unités ou un chiffre trop fort ; on l'essaie en fesant le cube de 209 ; si ce cube est supérieur au nombre proposé, 9 est trop fort ; on le diminue successivement d'une unité, jusqu'à ce qu'on ait trouvé un chiffre qui ne soit pas trop fort ; le cube de 209 est 9129329, nombre plus petit que le nombre proposé ; par conséquent, 9 est le véritable chiffre des unités : faisant la soustraction on trouve 65783 pour reste.

Il existe une autre manière de vérifier si le chiffre 9 n'est pas trop fort, c'est de former les trois parties qui se trouvent dans 1195112 ; si la somme de ces trois parties est plus petite que le reste, le chiffre 9 est bon, dans le cas contraire on le diminue successivement d'une unité, jusqu'à ce que la somme des trois parties puissent se soustraire du reste de 1195112.

Le procédé de la racine cubique peut se conclure facilement du raisonnement précédent.

113. *Remarque.* Si l'on suit bien la règle ci-dessus, on ne peut jamais trouver un chiffre trop faible pour le chiffre des unités ; cependant si par inadvertance, on mettait un chiffre trop faible, on en serait averti par le reste, qui égalerait ou surpasserait trois fois le carré de la racine obtenue plus trois fois cette racine plus 1 ; cela tient à ce que *la différence qui existe entre les cubes de deux nombres consécutifs est égal à trois fois le carré du plus petit nombre plus trois fois ce plus petit nombre plus 1* (comme il est facile de le démontrer.)

DE L'EXTRACTION DE LA RACINE CUBIQRE PAR APPROXIMATION.

114. Ce que nous avons dit sur la racine carrée par approximation étant bien entendu, il est inutile de s'étendre beaucoup sur la racine cubique ; il suffit seulement de retenir qu'au lieu de multiplier par le carré du dénominateur de la fraction qui sert de degré d'approximation, on multiplie par le cube ; le reste de l'opération s'exécute d'ailleurs d'une manière analogue. Un ou deux exemples suffiront pour mettre au courant de la marche à suivre.

1er *Exemple.* Soit à extraire la racine cubique de 12 à $\frac{1}{7}$ près, (ce qui s'indique $\sqrt[3]{12}$ à $\frac{1}{7}$ près.)

$$12 = \frac{12 \times 7}{7^3} = \frac{12 \times 343}{7^3} = \frac{4116}{7^3} ;$$

on extrait la racine cubique de 4116 à une unité près, on

trouve 16 ; je dis que $\frac{16}{7}$ représente bien $\sqrt[3]{12}$ à $\frac{1}{7}$ près ; en effet : 4116 est compris entre 16^3 et 17^3, donc $\frac{4116}{7^3}$ est compris eutre $\frac{16^3}{7^3}$ et $\frac{17^3}{7^3}$; par conséquent, $\sqrt[3]{\frac{4116}{7^3}}$ ou $\sqrt[3]{12}$ est compris entre $\frac{16}{7}$ et $\frac{17}{7}$: comme ces deux nombres fractionnaires ne diffèrent que de $\frac{1}{7}$, il s'ensuit que $\frac{16}{7}$ représente $\sqrt[3]{12}$ à $\frac{1}{7}$ près.

2e *Exemple.* Extraire la racine cubique de 12 à $\frac{1}{100}$ près. On a $12 = \frac{12 \times 100^3}{100^3} = \frac{12000000}{100^3}$; on extrait la racine cubique du numérateur 12000000 à une unité près, on trouve 228 ; on divise 228 par 100 , ce qui donne 2, 28 et ce quotient exprime la racine cubique de 12 à $\frac{1}{100}$ près ; en effet : 12000000 est compris entre 228^3 et 229^3 , donc $\frac{12000000}{100^3}$ est compris entre $\frac{228^3}{100^3}$ et $\frac{229^3}{1000^3}$; par conséquent $\sqrt[3]{\frac{12000000}{100^3}}$ ou $\sqrt[3]{12}$ tombe entre $\frac{228}{100}$ et $\frac{229}{100}$ et comme ces deux nombres fractionnaires ne diffèrent que de $\frac{1}{100}$, il s'en suit que 2, 28 représente $\sqrt[3]{12}$ à $\frac{1}{100}$ près.

115. La connaissance de l'extraction des raci-

nes carrée et cubique, nous permet d'extraire les racines dont l'indice ne contient comme facteurs que 2 et 3.

Ainsi, l'on sait extraire les racines *quatrième, sixième, huitième, douzième,* etc. En effet, je dis que la racine sixième d'un nombre, de 64 par exemple, est égale à la racine cubique de la racine carrée de ce nombre, ou en se servant des notations convenues, que $\sqrt[6]{64} = \sqrt[3]{\sqrt{64}}$. D'après la définition de la racine sixième, on a $\sqrt[6]{64} \times \sqrt[6]{64} \times \sqrt[6]{64} \times \sqrt[6]{64} \times \sqrt[6]{64} \times \sqrt[6]{64} = 64$, ou $(\sqrt[6]{64})^3 \times (\sqrt[6]{64})^3 = 64$; d'où l'on voit que $(\sqrt[6]{64})^3$ pris deux fois comme facteur donne 64 ; donc, $(\sqrt[6]{64})^3 = \sqrt{64}$; cette égalité nous indique que la $\sqrt[6]{64}$ élevée au cube, ou prise trois fois comme facteurs, donne $\sqrt[2]{64}$, donc $\sqrt[6]{64} = \sqrt[3]{\sqrt{64}}$. Ce qu'il fallait démontrer.

N. B. Les problèmes relatifs aux *carrés* et aux *cubes,* sont presque tous du ressort de la géométrie ; c'est pourquoi je n'en donnerai pas d'exemple.

10e LEÇON.

116. Nous avons appelé *nombre* le résultat de la comparaison d'une quantité quelconque à une autre quantité de même espèce qu'elle prise pour *unité;* mais, si au lieu de comparer ainsi une quantité à son unité, on veut comparer entre elles deux grandeurs de même espèce, ou ce qui est la même chose, les deux nombres qui les expriment, ce mode de comparaison se nomme *rapport* ou *raison.*

Il existe deux manières de comparer deux grandeurs entre elles; soit en déterminant leur différence, soit en cherchant leur quotient; la première se nomme *rapport arithmétique* ou *par différence,* et la seconde *rapport géométrique* ou *par quotient.*

Il est évident qu'un *rapport arithmétique ne change pas, lorsqu'on augmente ou qu'on diminue ses deux termes d'un même nombre :*

Et *qu'un rapport géométrique ne change pas lorsqu'on multiplie, ou qu'on divise ses deux termes par un même nombre.*

117. L'assemblage de deux rapports arithmétiques égaux constitue une *proportion arithmétique*. Ainsi le rapport arithmétique de 8 à 5 étant égal à celui de 12 à 9, les nombres 8, 5, 12 et 9 forment une proportion arithmétique qu'on écrit de cette manière.

$$8. \ 5 : 12. \ 9$$

et que l'on énonce 8 est à 5 comme 12 est à 9 : le premier et le troisième termes se nomment *antécédens ;* le second et le quatrième *conséquens ;* le premier et le dernier se nomment aussi *extrêmes* et les deux autres *moyens*. Si les deux moyens sont égaux, la proportion est dite *continue*.

118. 1re. *Dans toute proportion arithmétique, la somme des extrêmes est égale à celle des moyens.*

Soit la proportion arithmétique 7. 4 : 14. 11 ; je dis que $7 + 11 = 4 + 14$: en effet, on a $7 - 4 = 14 - 11$; ajoutant de part et d'autre la somme $4 + 11$ des deux conséquens, il vient $7 - 4 + 4 + 11 = 14 - 11 + 4 + 11$; effaçant les nombres $- 4$ et $+ 4,$ $- 11$ et $+ 11$ qui se détruisent, il reste $7 + 11 = 14 + 4$. C. Q. F. D.

2me. *Lorsque quatre nombres ne sont pas en proportion arithmétique, la somme des extrêmes n'est pas égale à la somme des moyens.*

Soient les quatre nombres 7, 4, 14 et 13 qui ne forment pas une proportion, je dis que $7 + 13$ n'est pas égal à $4 + 14$: même démonstration que ci-dessus.

3me. *Si quatre nombres sont disposés de manière que la somme des extrêmes soit égale à celle des moyens, ces quatre nombres forment une proportion arithmétique.* Car, en vertu du théorème précédent, s'ils ne formaient pas une proportion, la somme des extrêmes ne serait pas égale à celle des moyens; ce qui est contre l'hypothèse: donc, etc., C. Q. F. D.

Conséquence. *Trois termes d'une proportion étant connus, on trouvera facilement le quatrième.*

Les proportions arithmétiques étant fort peu en usage, il est inutile d'insister sur les propriétés dont elles jouissent.

PROPORTIONS GÉOMÉTRIQUES, OU, PAR QUOTIENT.

119. L'assemblage de deux rapports géométriques égaux constitue une *proportion géométrique.*

Ainsi le rapport de 12 à 4 étant égal à celui de 21 à 7; les quatre nombres 12, 4, 21 et 7 forment une proportion géométrique qu'on écrit

$$12 : 4 : : 21 : 7$$

et qu'on énonce comme les proportions arithmétiques.

PROPRIÉTÉS FONDAMENTALES DES PROPORTIONS GÉOMÉTRIQUES.

120. 1re. *Dans toute proportion, le produit des extrêmes est égal au produit des moyens.*

Soit $12 : 4 : : 21 : 7$; je dis que $12 \times 7 = 4 \times 21$: en effet, à cause de la définition d'une proportion on a $\frac{12}{4} = \frac{21}{7}$; multipliant de part et d'autre par 4×7 produit des conséquens, il vient $\frac{12 \times 4 \times 7}{4} = \frac{21 \times 4 \times 7}{7}$; effaçant les facteurs communs au numérateur et au dénominateur, on trouve $12 \times 7 = 21 \times 4$. C. Q. F. D.

2e. *Si quatre nombres ne sont pas en propor-tion, le produit des extrêmes n'est pas égal à celui des moyens.*

Soient les quatre nombres 12, 4, 21 et 6 qui ne forment pas une proportion ; je dis que 12×6 n'est pas égal à 4×21.

Même démonstration que ci-dessus.

3me. *Si quatre nombres sont disposés de manière que le produit des extrêmes, égale le produit des moyens, ces quatre nombres forment une pro-portion.* En effet, s'ils ne formaient pas une pro-portion, le produit des extrêmes ne vaudrait pas celui des moyens, ce qui est contre l'hypothèse : donc, etc.

Cette dernière propriété permet de changer de place les termes d'une proportion. On peut faire huit proportions avec les quatre mêmes nombres : il suffit pour cela de placer les termes de manière que le produit des extrêmes soit toujours égal au produit des moyens.

Conséquence. *Trois termes d'une proportion géométrique étant connus, on trouvera facilement le quatrième.*

121. Les propriétés suivantes sont évidentes d'elles-mêmes, ou du moins, faciles à démontrer.

1re. *Lorsque deux proportions ont un rapport commun, les deux autres rapports forment une proportion.*

2me. *Si deux proportions ont les mêmes anté-cédens ou les mêmes conséquens, on peut former une proportion avec les quatre autre termes.*

3me. *Quant deux proportions auront les mêmes extrêmes ou les mêmes moyens, on pourra former une proportion avec les quatre autres termes.*

4me. *Quand on multiplie, ou, quand on divise un moyen et un extrême par un même nombre, la proportion ne cesse pas d'exister.*

122. Les propositions suivantes servent beaucoup en géométrie, aussi devra-t-on s'attacher à bien les comprendre.

1re PROPOSITION.

Dans toute proportion, la somme ou la différence des deux premiers termes est au second, comme la somme ou la différence des deux derniers est au quatrième.

Démonstration. Soit la proportion $8 : 5 : : 24 : 15$; je dis que $8 + 5 : 5 : : 24 + 15 : 15$ et que $8 - 5 : 5 : : 24 - 15 : 15$. En effet, le rapport de $8 + 5$ à 5 surpasse évidemment celui de 8 à 5 d'une unité, et le rapport de $24 + 15$ à 15 surpasse celui de 24 à 15 aussi d'une unité ; donc les deux rapports $8 + 5 : 5$ et $24 + 15 : 15$ sont égaux ; on démontrerait de même que $8 - 5 : 5 : : 24 - 15 : 15$.

2e PROPOSITION.

Dans toute proportion, la somme des deux premiers termes est au premier, comme la somme des deux derniers est au troisième.

Ainsi $8 + 5 : 8 : : 24 + 15 : 24$; pour le démontrer, il suffit d'écrire la proportion donnée $8 : 5 : : 24 : 15$ sous la forme $5 : 8 : : 15 : 24$ et d'après la proposition précédente on en tire $5 + 8$: 8 : : $24 + 15$: 24. C. Q. F. D.

3me PROPOSITION.

*Dans toute proportion, la somme ou la diffé-
rence des deux antécédens est à la somme ou la
différencę des deux conséquents, comme un antécédent est à son conséquent.*

Démonstration. Soit toujours la même proportion que ci-dessus ; je dis que $8 + 24 : 5 + 15$
: : $24 : 15$; en effet, de la proportion $8 : 5 : : 24$
: 15 on peut faire $8 : 24 : : 5 : 15$ et d'après le
premier théorème on trouve $8 + 24 : 24 : : 5 +$
$15 : 15$, ou changeant les moyens de place entre
eux, $8 + 24 : 5 + 15 : : 24 : 15$. C. Q. F. D.

Conséquence. *Dans une suite de rapports égaux,
la somme des antécédens est à la somme des conséquens comme un antécédent quelconque est à
son conséquent.*

Soit la suite de rapports égaux, $3 : 4 : : 6 : 8$
: : $12 : 16$; je dis que $3 + 6 + 12 : 4 + 8 + 16$
: : $12 : 16$. En effet, considérant la proportion
$3 : 4 : : 6 : 8$, on en tire $3 + 6 : 4 + 8 : : 6 : 8$,
mais $6 : 8 : : 12 : 16$, donc $3 + 6 : 4 + 8 : : 12$
: 16 ; de cette nouvelle proportion on déduit 3
$+ 6 + 12 : 4 + 8 + 16 : : 12 : 16$, et ainsi de
suite : donc, etc., C. Q. F. D.

4me PROPOSITION.

*Si on multiplie plusieurs proportions, terme à
terme, les quatre produits résultants seront encore en proportion.*

Soient les proportions $3 : 4 :: 6 : 8$
$$2 : 5 :: 14 : 35.$$
Je dis que $3 \times 2 : 4 \times 5 :: 6 \times 14 : 8 \times 35$.

En effet, ces proportions donnent $\frac{3}{4} = \frac{6}{8}$ et $\frac{2}{5} = \frac{14}{35}$; multipliant ces deux égalités membre à membre, il vient $\frac{3}{4} \times \frac{2}{5} = \frac{6}{8} \times \frac{14}{35}$ ou $\frac{3 \times 2}{4 \times 5} = \frac{6 \times 14}{8 \times 35}$ d'où $3 \times 2 : 4 \times 5 :: 6 \times 14 : 8 \times 35$. C. Q. F. D.

De cette propriété on peut conclure que *les carrés, les cubes, etc., des quatre termes d'une portion forment une proportion.*

On démontrerait aussi facilement que *les racines carrées, cubiques, etc., des quatre termes d'une proportion sont encore en proportion.*

N. B. Les propriétés que nous venons de démontrer nous serviront surtout en géométrie; je vais les appliquer à la solution de quelques problèmes d'arithmétique, en avertissant toutefois que ces mêmes problèmes pourraient être résolus par la méthode dite *de réduction* à l'unité déjà employée.

On pourrait aussi appliquer la théorie des proportions à la solution des problèmes résolus dans la 7me leçon ; j'engage même fortement les élèves à le faire : cela contribuera beaucoup à leur former le raisonnement.

APPLICATION DE LA THÉORIE DES PROPORTIONS A LA SOLUTION DE QUELQUES PROBLÈMES D'ARITHMÉTIQUE.

PREMIER PROBLÈME.

123. *Partager un nombre en parties propor-*

tionnelles à des nombres donnés.

Soit 360 à partager en parties proportionnelles aux nombres 3, 4 et 5.

Solution. Je représente les trois parties par 1re, 2me et 3me; on a par les données de la question, la suite des rapports égaux 1re : 3 : : 2me : 4 : : 3me : 5; d'où l'on tire, en s'appuyant sur la conséquence de la proposition 3 du paragraphe (122.)

$$1^{re} + 2^e + 3^e : 3 + 4 + 5 \begin{cases} : : 1^{re} : 3 \\ : : 2^o \ : 4 \\ : : 3^e \ : 5 \end{cases}$$

Mais 1re + 2^e + 3^e = 360; par conséquent

$$360 : 12 \begin{cases} : : 1^{re} : 3 \\ : : 2^e \ : 4 \\ : : 3^e \ : 5 \end{cases}$$

Dans ces trois proportions, on connaît trois termes, on pourra donc déterminer les quatrièmes; on trouve 1re $= \dfrac{360 \times 3}{12} = 90$, 2^e $=$ $\dfrac{360 \times 4}{12} = 120$ et 3^e $= \dfrac{360 \times 5}{12} = 150$. Il est facile de vérifier si ces parties sont justes.

DEUXIÈME PROBLÈME.

Partager 1800 en quatre parties proportionnelles aux fractions $\dfrac{2}{3}$, $\dfrac{3}{4}$, $\dfrac{5}{6}$ *et* $\dfrac{7}{8}$.

Solution. La première chose à faire, c'est de réduire ces fractions au même dénominateur, car alors il suffira de partager 1800 en parties proportionnelles aux numérateurs (ce que nous savons faire par le problème précédent.) On trouve pour les fractions réduites au même dénominateur le plus simplement possible, $\frac{16}{24}$, $\frac{18}{24}$, $\frac{20}{24}$, et $\frac{21}{24}$ et pour les quatre parties demandés 384, 432, 480 et 504.

TROISIÈME PROBLÈME.

Partager 360 en parties telles que la première soit à la seconde comme 3 est à 5 et que la seconde soit à la troisième comme 4 est à 7.

Première solution. D'après les donnés, on a les proportions $1^{re} : 3 :: 2^e : 5$ et $2^e : 4 :: 3^e : 7$.

Si ces deux proportions avaient un rapport commun, on aurait encore trois rapports égaux et le problème se résoudrait comme ci-dessus : pour les y ramener, il suffit évidemment de faire une transformation telle que le dernier terme de la première soit égal au deuxième de la seconde. Or, on peut toujours parvenir à cette transformation en multipliant les deux cónséquens de la 1re par 4 et les deux conséquens de la 2e par 5. Les proportions deviennent :

$1^{re} : 4 \times 3 :: 2^e : 5 \times 4$ et $2^e : 4 \times 5 :: 3^e : 7 \times 5$

Ou bien :

$1^{er} : 12 :: 2^e : 20$ et $2^e : 20 :: 3^e : 35$.

Ainsi les parties cherchées sont proportionnelles aux nombres 12, 20 et 35 ; appliquant le premier problème ci-dessus résolu, on trouve pour les trois parties $\frac{4320}{67}$, $\frac{7200}{67}$, $\frac{1260}{67}$.

Deuxième solution. On supposera pour un instant la 2ᵉ partie représentée par 1 ; on aura donc 1ʳᵉ : 3 : : 1 : 5 et 1 : 4 : : 3ᵉ : 7 ; d'où 1ʳᵉ = $\frac{3}{5}$ et 3ᵉ = $\frac{7}{4}$. Ainsi ces trois parties sont proportionnelles aux nombres $\frac{3}{5}$, 1 et $\frac{7}{4}$; on saura les déterminer en se servant du 2ᵉ problème ; on trouvera 1ʳᵉ = $\frac{4320}{67}$, 2ᵉ = $\frac{7200}{67}$ et 3ᵉ = $\frac{1260}{67}$ comme ci-dessus.

PROBLÈMES A RÉSOUDRE.

On doit distribuer 1200 pains de munition à trois compagnies en raison du nombre d'hommes qui les composent ; le nombre d'hommes de la première est à celui de la seconde comme 5 : 6 et le nombre d'hommes de la seconde est à celui de la troisième dans le rapport de 7 à 8. Combien doit-il en revenir à chacune d'elles ?

R. 1ʳᵉ 336 pains, 2ᵉ 403, 2 et 3ᵉ 460, 8.

On propose de partager 1300 entre trois personnes, de manière que la troisième ait le double de la première, et que ce qui revient à la première soit à ce qui revient à la deuxième : : 7 : 5.

R. 1ʳᵉ = 350 ; 2ᵉ = 250 ; 3ᵉ = 700.

RÈGLE DE SOCIÉTÉ.

124. Cette règle ayant pour objet de partager entre plusieurs associés, et proportionnellement à leur mise, le bénéfice ou la perte résultant de leur association, se trouve résolue par les problèmes précédens, c'est pourquoi je me bornerai à en énoncer quelques-uns, sans les résoudre.

Premier. *Quatre personnes se sont réunies dans un commerce ; la première a placé 1200 fr., la seconde 1800 fr., la troisième 2000 fr. et la quatrième 2500 fr. ;* on demande ce qui doit revenir à chacune d'elles, sachant que le bénéfice est de 720 fr. R. 1re 115 fr. 20, 2e 172 fr. 80, 3e 192 fr. et 4e 240 fr.

Deuxième. *Trois personnes se sont associés pour 15 mois ; la 1re a fourni 800 fr. au commencement de l'association et 500 fr. en sus à partir du neuvième mois ; la 2e a placé 200 fr. en commençant et 300 fr. au bout de trois mois; la 3e 400 fr. après le septième mois et 600 fr. au commencement du douzième : on demande ce qui doit revenir à chacune d'elles, sachant que le bénéfice est de* 2000 fr. R. $\dfrac{310000}{261}, \dfrac{132000}{261}, \dfrac{80000}{261}.$

N. B. Ici se termine l'arithmétique ; cependant on se sert quelquefois (pour abréger les opérations) *des logarithmes*, dont la théorie est développée ci-après; mais c'est surtout dans les calculs relatifs à la trigonométrie qu'il est nécessaire de s'en servir : aussi fera-t-on bien de n'apprendre les leçons suivantes que lorsqu'on sera sur le point d'étudier la trigonométrie.

Théorie des Logarithmes.

Cette théorie repose sur quelques-unes des propriétés dont jouissent les *progressions arithmétiques et géométriques.*

DES PROGRESSIONS ARITHMÉTIQUES
OU PAR DIFFÉRENCE.

125. On donne le nom de *progression arithmétique* à toute suite de termes croissants ou décroissants tels que la différence entre deux termes consécutifs quelconques est toujours constante : cette différence est *la raison de la progression.*

Ainsi, les nombres 7, 11, 15, 19, 23, 27, etc., forment une progression arithmétique croissante dont la raison est 4 et que l'on écrit de cette manière : ÷ 7. 11. 15. 19. 23. 27.

On l'énonce, 7 est à 11 comme 11 est à 15, comme 15 est à 19, comme 19 est à 23, etc.

Les nombres ÷ 37. 31. 25. 19. 13. forment une progression décroissante dont la raison est 6 et que l'on énonce comme ci-dessus.

FORMATION D'UN TERME DE RANG QUELCONQUE AU MOYEN DU PREMIER ET DE LA RAISON.

126. *Dans toute progression arithmétique croissante, chaque terme est égal au premier plus autant de fois la raison qu'il y a de termes avant lui.*

En effet, d'après la définition,

Le 2e = le 1er + r (r désignant la raison) ;

Le 3e = le 2e + r, ou, en mettant 1er + r à la place du 2e.

Le 3e = le 1er + 2 r ; le 4e = le 1er + 3 r ; le 5e = le 1er + 4 r, etc.

Ces égalités démontrent le principe énoncé.

Si la progression était décroissante, on verrait que chaque *terme serait égal au premier moins autant de fois la raison qu'il y a de termes avant lui.*

127. La propriété précédente permet *d'insérer un nombre quelconque de moyens arithmétiques proportionnels, entre deux nombres donnés,* c'est-à-dire, *de déterminer, entre deux nombres donnés, une suite de termes tels que l'ensemble de tous ces termes forme une progression arithmétique.*

Soit proposé d'insérer 8 moyens arithmétiques entre 12 et 29.

Cela se réduit à trouver la raison de la progression demandée dont le nombre des termes est 10 ; or 39 qui est le 10e se compose (126) du premier plus 9 fois la raison ; si donc on soustrait 12 de 39, cette différence représentera 9 fois la raison et si on la divise par 9 ou 8 + 1 on aura la raison : ainsi, $r = \dfrac{39 - 12}{8 + 1} = 3$, on trouve pour les moyens demandés 15, 18, 21, 24, 27.

RÈGLE POUR INSÉRER DES MOYENS ARITHMÉTIQUES PROPORTIONNELS ENTRE DES NOMBRES DONNÉS.

D'où l'on voit que *pour obtenir la raison de la progression, lorsqu'on veut insérer des moyens arithmétiques entre deux nombres, il faut divi-*

ser *leur différence par le nombre des moyens à insérer augmenté de* 1.

Conséquence. *Si l'on insère entre tous les termes d'une progression arithmétique le même nombre de moyens arithmétiques, l'ensemble de tous les termes constitue encore une progression arithmétique.*

128. Première propriété. *Chaque terme d'une progression arithmétique commençant par zéro, est un multiple de la raison marqué par le nombre des termes qui le précèdent.*

En effet, d'après (126), chaque terme est égal au premier qui est nul, plus autant de fois la raison qu'il y a de termes avant lui.

Réciproquement, *tout multiple de la raison est un terme de la progression.*

Deuxième propriété. *La somme de deux termes est toujours un terme de la progression, qui en a autant avant elle que les deux nombres ajoutés en ont avant eux.*

En effet, ajoutons le 10e et le 19e termes.

le 10e vaut 9 fois la raison,

le 19e vaut 18 fois la raison,

donc leur somme vaut 27 fois la raison ; elle est donc égale au 28e terme qui en a autant avant lui que les deux autres en ont avant eux. C. Q. F. D.

Remarque. Cette propriété existe quelque soit le nombre des termes que l'on ajoute.

DES PROGRESSIONS GÉOMÉTRIQUES, OU, PAR QUOTIENT.

129. On donne le nom de *progression géométrique* à toute suite de termes tels qu'en divisant chaque terme par celui qui le précède, le quotient reste constant ; ce quotient est *la raison de la progression.*

Ainsi, les nombres 3, 6, 12, 24, 48, 96... etc., forment une progression géométrique croissante dont la raison est 2 et que l'on écrit de cette manière : $\div$ 3 : 6 : 12 : 24 : 48 : 96. 192.

On l'énonce comme une progression arithmétique.

FORMATION D'UN TERME DE RANG QUELCONQUE, AU MOYEN DU PREMIER ET DE LA RAISON.

130. *Dans toute progression géométrique croissante, ou, décroissante, chaque terme est égal au premier multiplié par la raison élevée à une puissance marquée par le nombre des termes qui précèdent celui que l'on considère.*

En effet, d'après la définition ci-dessus,

Le $2^e =$ le $1^{er} \times q$ (q désignant la raison);

Le $3^e =$ le $2^e \times q$, ou, mettant $1^{er} \times q$ à la place du 2e.

Le $3^e =$ le $1^{er} \times q \times q =$ le $1^{er} \times q^2$;

Le $4^e =$ le $1^{er} \times q^3$; le $5^e =$ le $1^{er} \times q^4 \ldots$ etc.

Ces égalités démontrent la règle énoncée.

131. La propriété précédente permet *d'insérer un nombre quelconque de moyens géométriques proportionnels entre deux nombres donnés, c'est-à-dire, de déterminer entre deux nombres donnés une suite de termes tels que l'ensemble de tous ces termes forme une progression géométrique.*

Soit proposé d'insérer deux moyens géométriques proportionnels entre 7 et 189.

Cela se réduit à trouver la raison de la progression dont le nombre des termes est 4 ; or, 189 qui est le 4e se compose (130) du premier multiplié par la raison prise trois fois comme facteur ; si donc on divise 189 par 7, le quotient $\frac{189}{7}$ représentera la raison prise trois fois comme facteur, et si on extrait la racine 3ᵉ, ou, (2+1), on aura la raison ; ainsi, $q = \sqrt[\scriptstyle 2+1]{\frac{189}{7}} = \sqrt[3]{27} = 3$; les deux moyens sont 21 et 63.

RÈGLE POUR INSÉRER DES MOYENS GÉOMÉTRIQUES PROPORTIONNELS ENTRE DEUX NOMBRES.

D'où l'on voit que *pour obtenir la raison de la progression lorsqu'on veut insérer des moyens géométriques entre deux nombres donnés, il faut, de leur quotient, extraire une racine dont l'indice est marqué par le nombre de moyens à insérer augmenté de 1.*

Conséquence. *Si l'on insère entre tous les termes d'une progression géométrique le même nombre de moyens géométriques, l'ensemble de tous les termes constitue encore une progression géométrique.*

PROPRIÉTÉS DONT JOUIT UNE PROGRESSION GÉOMÉTRIQUE COMMENÇANT PAR 12.

132. Première propriété. *Chaque terme d'une progression géométrique commençant par* 1*, est une puissance de la raison marquée par le nombre des termes qui le précèdent.*

En effet, d'après (130), chaque terme est égal au premier, qui est 1, multiplié par la raison prise autant de fois comme facteur qu'il y a de termes avant lui.

Réciproquement. *Toute puissance de la raison est un terme de la progression.*

2ᵐᵉ Propriété. *Le produit de deux termes quelconques est toujours un terme de la progression, qui en a autant avant lui que les deux nombres multipliés en ont avant eux.*

En effet, multiplions le 10ᵉ et le 19ᵉ;

Le 10ᵉ vaut la raison prise 9 fois comme facteur;

Le 19ᵉ vaut la raison prise 18 fois comme facteur;

Donc, leur produit vaut la raison prise 27 fois comme facteur; ainsi il est égal au 28ᵉ terme qui en a autant avant lui que les deux autres en ont avant eux. C. Q. F. D.

Remarque. Cette propriété a lieu quelque soit le nombre des termes qu'on multiplie.

N. B. Il existe beaucoup d'autres propriétés relatives aux progressions arithmétiques et géométriques; nous les passerons sous silence, parce que celles qui précèdent suffisent pour apprendre la théorie des logarithmes : d'ailleurs l'algèbre est nécessaire pour les étudier complètement.

DES LOGARITHMES.

133. *Si l'on compare deux progressions indéfinies, l'une géométrique commençant par l'unité, l'autre arithmétique commençant par 0; chaque terme de cette dernière est dit le logarithme du terme correspondant dans la première; la réunion de deux progressions constitue un système de logarithmes.*

Soient les deux progressions indéfinies.

÷ 1 : 2 : 4 : 8 : 16 : 32 : 64 : 128 : 456 : 512 : 1024 : 2048 : 4096 : 8192 : 16384....

÷ 0. 3. 6. 9. 12. 15. 18. 21. 24. 27. 30. 33. 36. 39. 42.

Ainsi, 0 est le logarithme de 1, 3 celui de 2.... etc.

Nous savons (132, 2e propriété) que le produit de deux termes de rang quelconque de la première donne un terme de cette progression qui en a autant avant lui que les deux autres en ont avant eux, et que la somme de deux termes quelconques de la seconde donne un terme de cette progression qui jouit de la même propriété.

134. Par conséquent : 1re propriété. *Pour trouver le produit de deux nombres de la première sans effectuer la multiplication, il suffit d'ajouter les deux correspondants de la progression arithmétique et de chercher le nombre de la première qui correspond à cette somme, ce sera le produit demandé.*

Exemple : On propose de multiplier 16 par 64.

Pour cela, j'ajoute 12 et 18, nombres correspondans dans la seconde ; leur somme 30 répond à 1024 qui est le produit de 12 par 18.

Comme 12 est le logarithme de 16, 18 celui de 64 et 30 celui de 1024 ; cette propriété s'énonce ainsi :

Le logarithme d'un produit est égal à la somme des logarithmes des facteurs.

2e Propriété. *Le logarithme d'un quotient est égal au logarithme du dividende moins le logarithme du diviseur.*

Ceci est vrai, car le dividende est un produit dont le diviseur et le quotient sont les deux facteurs.

Ainsi, soit proposé de diviser 2048 par 16 : de 33 logarithme de 2048, je retranche 12 logarithme de 16, le reste 21 répond à 128 ; c'est le quotient demandé.

3me Propriété. *Le logarithme d'une puissance d'un nombre est égal au logarithme de ce nombre multiplié par l'exposant de la puissance.*

Je dis que le logarithme de 16 est égal à 3 fois le log. de 16.

En effet, $16^3 = 16 \times 16 \times 16$; donc, log. 16 = log. $(16 \times 16 \times 16)$ = log. 16 + log. 16 + log. 16. = 3 log. 16. C. Q. F. D.

4me Propriété. *Le logarithme de la racine d'un certain degré d'un nombre, s'obtient en divisant le logarithme de ce nombre par le degré de la racine qu'on veut extraire.*

Je dis que le logarithme de $\sqrt[5]{32}$ est égal au logarithme de 32 divisé par 5.

En effet, $\sqrt[5]{32} \times \sqrt[5]{32} \times \sqrt[5]{32} \times \sqrt[5]{32} \times \sqrt[5]{32} = 32$.

Donc, log. $(\sqrt[5]{32} \times \sqrt[5]{32} \times \sqrt[5]{32} \times \sqrt[5]{32} \times \sqrt[5]{32})$ = log. 32

ou 5 log. $\sqrt[5]{32}$ = log. 32 ; d'où log. $\sqrt[5]{32} = \dfrac{\text{log. } 32}{5}$. C. Q. F. D.

Ainsi, *pour extraire la racine d'un certain degré d'un nombre, il faut diviser le logarithme de ce nombre par l'indice de sa racine, puis chercher dans la progression géométrique le nombre correspondant à ce quotient, ce sera la racine cherchée.*

135. Pour étendre ces propriétés aux nombres qui ne font pas partie de la progression géométrique,

il faut concevoir qu'on insère assez de moyens·
arithmétiques et géométriques entre les termes
de ces deux progressions pour que tous les nombres entiers fassent partie de la nouvelle progression géométrique ; cette manière de calculer les
logarithmes des nombres est bien compréhensible
sans doute ; mais comment l'appliquer, puisqu'elle
exige la connaissance de l'extraction des racines
d'un degré quelconque.

136. Cependant, en s'appuyant sur ce qui a été
dit (115), on peut parvenir à déterminer la raison
nécessaire au calcul des moyens géométriques ;
il faudrait pour cela que l'indice de la racine à
extraire fût une puissance parfaite de 2 : cet indice comme on le sait est égal au nombre des
moyens à insérer plus un, donc il faut et il suffit
que le nombre des moyens soit égal à une puissance entière de 2 diminué de 1.

Ainsi, veut-on obtenir les logarithmes à $\frac{1}{100}$
près, en partant des progressions

$$\div\ 1 : 2 : 4 : 8 : 16 \text{ etc.}$$
$$\div\ 0 . 3 . 6 . 9 . 12 \text{ etc.}$$

En insérant M moyens proportionnels, la raison
de la nouvelle progression (127) est égal à $\frac{3}{M+1}$;
par conséquent $\frac{3}{M+1}$ doit être plus petit que $\frac{1}{100}$
ou $\frac{3}{300}$, ce qui exige que M égale ou surpasse 300 :
le nombre 300 est compris entre 256 et 512, qui
représentent la huitième et la neuvième puissance
de 2 ; donc en insérant 511 moyens entre tous les

termes de la progression géométrique et arithmé-tique, on sera sûr d'avoir les logarithmes des nombres à $\frac{1}{100}$ près, et on n'aura eu besoin pour cela que d'extraire une suite de racine carrée.

Si on écrit dans une même colonne la suite des nombres entiers 1, 2, 3, etc., et vis-à-vis chacun d'eux, dans une seconde colonne, les logarithmes des moyens géométriques qui approchent le plus des nombres que l'on considère, on aura formé ce qu'on appelle une *table de logarithmes*.

137. Les tables dont on se sert ordinairement ont été construites, en partant des proportions fondamentales

$$\div 1 : 10 : 100 : 1000 : 10000 \text{ etc.}$$
$$\div 0 . 1 . 2 . 3 . 4 \text{ etc.}$$

L'inspection de ces progressions fait connaître de suite que le logarithme d'un nombre aura à sa partie entière autant d'unités qu'il y a de chiffres moins un dans ce nombre ; et réciproquement, connaissant le logarithme d'un nombre, on saura d'avance de combien de chiffres le nombre est composé : la partie entière des logarithmes a été *appelée caractéristique*.

Ces tables conviennent parfaitement à notre sys-tème de numération, car nous avons souvent be-soin de trouver le logarithme d'un nombre 10, 100 etc. fois plus grand ou plus petit qu'un autre, et pour cela il suffit de modifier convenablement la caractéristique sans changer la partie décimale; cela tient à ce que les logarithmes de 10, 100, etc, sont des nombres entiers et que le logarithme d'un produit est égal à la somme des logarithmes des facteurs.

Ainsi les logarithmes des nombres 3454, 345.4, 34.54, 3.454, 0.3454 ont tous la même partie décimale; le logarithme de l'un d'eux étant connu comme ceux des autres s'ensuivent en modifiant convenablement la caractéristique.

Il resterait à faire connaître l'usage des tables; mais comme la manière de s'en servir est très-longuement développée dans celles que les élèves doivent avoir entre les mains, il est d'après cela inutile d'en parler.

FIN.

NOTE RELATIVE A LA CONVERSION DES FRACTIONS ORDINAIRES EN DÉCIMALES.

138. Nous avons remarqué (51) que la réduction d'une fraction ordinaire en fraction décimale, conduisait à trois espèces de quotient : voir la page 57.

Je me propose maintenant d'apprendre à reconnaître, à l'inspection d'une fraction ordinaire irréductible, auquel de ces trois quotients donnera lieu sa réduction en décimales ; pour cela il est nécessaire de savoir revenir de ces trois espèces de fractions décimales aux fractions ordinaires équivalentes, ce qui est toujours possible.

139. En effet, 1° *soit la fraction décimale* 0,275 *composée d'un nombre limité de chiffres décimaux ;* elle se réduit immédiatement (45) à $\frac{275}{1000}$ ou $\frac{7}{40}$.

140. 2° Soit la fraction périodique simple 0,636363.... Transportons la virgule à droite de la première période, ou ce qui est la même chose, rendons cette fraction cent fois plus grande, nous aurons pour résultat le nombre fractionnaire 63,6363.... qui vaut évidemment cent fois la fraction proposée elle-même, et comme ce nombre a la même partie décimale que cette fraction, sa différence avec elle qui est 63, ou, la période,

9*.

vaudra 99 fois la fraction donnée ; donc la fraction 0,6363... est égale à 63 divisé par 99, ou $\frac{63}{99} = \frac{7}{11}$. De là on conclut que :

Toute fraction décimale périodique simple est équivalente à une fraction ordinaire qui a pour numérateur la période et pour dénominateur un nombre composé d'autant de 9 qu'il y a de chiffres dans la période.

141. **Remarque importante.** La règle ci-dessus énoncée prouve que *le dénominateur de la fraction ordinaire équivalente à une fraction décimale périodique simple, ne contiendra jamais, en la supposant réduite à sa plus simple expression, aucun des facteurs premiers 2 et 5.*

142. 3° Soit la fraction périodique mixte 0,31818.... je transporte la virgule à droite et à gauche de la première période, j'obtiens ainsi deux nombres décimaux qui ont la même partie décimale : le premier vaut évidemment 1000 fois la fraction donnée, et le second 10 fois, donc leur différence qui est 318 — 3 vaut 990 fois cette fraction ; donc $0{,}31818\ldots = \frac{318 - 3}{990} = \frac{7}{22}$. De là nous pouvons conclure que :

Toute fraction décimale périodique mixte est équivalente à une fraction ordinaire dont le numérateur est la différence entre les deux nombres entiers que l'on obtient en transportant la virgule à droite et à gauche de la première période, et dont le dénominateur est composé d'autant de 9 qu'il y a de chiffres dans la période, suivis d'au-

tant de zéros qu'il y a de chiffres non périodiques. Le dernier chiffre de la partie non-périodique ne peut jamais être égal au dernier chiffre de la période, à moins que l'on n'ait pris, par erreur, un chiffre de la période comme appartenant à la partie *non périodique :* ainsi, que l'on dicte la fraction décimale 0,28 348 348.... on devra lire 0,2834 834.... D'ailleurs, en appliquant la règle ci-dessus, on trouve que l'une et l'autre donnent lieu à la même fraction ordinaire.

143. *Ce qui précède prouve que le numérateur d'une fraction ordinaire équivalente à une fraction périodique mixte, ne peut pas se terminer par un zéro, et que par conséquent cette fraction ordinaire supposée réduite à sa plus simple expression, contiendra encore dans son dénominateur au moins l'un des facteurs 2 et 5 élevé à une puissance marquée par le nombre des chiffres qui précèdent la première période.*

Nous sommes en état à présent de dire à quelle espèce de quotient donnera lieu une fraction ordinaire irréductible.

1re PROPOSITION.

144. *Toute fraction ordinaire irréductible, dont le dénominateur ne contient que les facteurs premiers 2 et 5 de la base 10 de notre système de numération, est équivalente à une fraction décimale composée d'autant de chiffres décimaux qu'il y a d'unités dans le plus fort des exposants de 2 et 5.*

Démonstration. En multipliant les deux termes

de la fraction proposée par une puissance convenable de celui des deux nombres 2 et 5 qui entre le moins de fois comme facteur, on arrivera, sans changer la valeur de cette fraction, à lui donner pour dénominateur l'unité suivie d'autant de zéros qu'il y a d'unités dans le plus fort des exposants de 2 et 5 : ceci (45) démontre la proposition.

2e PROPOSITION.

145. *Toute fraction ordinaire irréductible qui contient à son dénominateur des facteurs premiers autres que 2 et 5 donne lieu à un quotient décimal périodique.*

Démonstration. Le nombre des chiffres du quotient ne peut être limité, car alors la fraction décimale qui en résulterait serait équivalente à une fraction ordinaire dont le dénominateur ne contiendrait que les facteurs 2 et 5, et ceci est contraire à notre hypothèse : les chiffres décimaux de ce quotient se répéteront dans un certain ordre, car les restes sont tous plus petits que le dénominateur et aucun d'eux ne peut être nul, donc on finira par retomber sur un reste déjà obtenu et par conséquent il y aura période. C. Q. F. D.

3e PROPOSITION.

146. *Toute fraction ordinaire irréductible dont le dénominateur ne renferme aucun des facteurs 2 et 5, donne toujours lieu à un quotient périodique simple.*

Démonstration. Le dénominateur renfermant

des facteurs autres que 2 et 5 , le quotient (proposition précédente) sera périodique : prouvons
qu'il ne peut être périodique mixte ; en effet, cette
fraction périodique mixte (143) serait équivalente
à une fraction ordinaire irréductible dont le dénominateur contiendrait encore au moins l'un des
facteurs 2 et 5, et ceci est contraire à notre hypothèse : donc le quotient sera périodique simple
C. Q. F. D.

4e PROPOSITION.

147. *Toute fraction ordinaire irréductible dont
le dénominateur renferme les facteurs 2 et 5
combinée avec d'autres nombres, donne lieu à un
quotient décimal périodique mixte qui a autant
de chiffres avant la première période qu'il y a
d'unités dans le plus fort exposant des facteurs
2 et 5.*

Démonstration. Le dénominateur contenant des
facteurs autres que 2 et 5, le quotient (2e proposition) sera périodique : prouvons qu'il ne peut
être périodique simple ; en effet, cette fraction
décimale périodique simple serait équivalente à
une fraction ordinaire irréductible, dont le dénominateur (141) ne devrait plus contenir aucun
des facteurs 2 et 5 ; ce qui est contraire à notre
hypothèse : donc le quotient sera périodique mixte.
On prouverait de même par l'absurde , en s'appuyant sur (143), que le quotient ne peut avoir
avant la période ni plus ni moins de chiffres qu'il
n'y a d'unités dans le plus fort exposant de 9 et 5.

148. Soient comme exemples les fractions

$$\frac{13}{21} = \frac{13}{3.7} \quad \text{et} \quad \frac{13}{240} = \frac{13}{2_3.5.11}.$$

D'après la théorie précédente, la première doit donner lieu à un quotient décimal périodique simple, et la seconde à un quotient décimal périodique mixte qui aura trois chiffres avant la première période : on trouve en effet que

$$\frac{21}{13} = 0,\overline{619047}\ \overline{619047}.... \quad \text{et} \quad \frac{13}{420} = 0,209\overline{54}...$$

TABLE DES MATIÈRES.